U0524086

描妙

描绘奇妙的世界

如何在工作的时候不发疯

[英]凯特·赛维拉 著　王昱茵 译

针对地狱般的现代工作的实用指南

浙江大学出版社
·杭州·

○ 导　言

　　2020年最初几个月，许多人还在兴冲冲地设定新年目标，坚信自己能够在今年大展宏图。然而大多数人没能实现这样的宏愿，这一年与他们最初的期待相去甚远。这一年里，没有激动人心的旅行，没有心心念念的格拉斯顿伯里音乐节，只有充满未知的日子，只有不断上演的生离死别，只有前所未有的变革和意想不到的开始。简而言之，2020年大部分时间都难以尽如人意。

　　新冠疫情为我们的生活带来了巨变，有些还需很长一段时间才能消化。无数生命的消逝令我们悲痛，熟悉的生活常态被打破令我们无所适从，有时这些情绪就像汹涌的海啸，将我们完全吞没。受疫情影响最大的，莫过于人们的工作。无论是朝九晚五的上班族，稳定接单的自由职业者，还是攒够工资交房租的小时工，对于这些拥有工作的幸运儿来说，工作塑造了他们日复一日的生活方式：在去车站的路上外带的一杯咖啡，通勤时每天听的最新的播客，上下班时打照面的同事，回家路上经常晚点的班车……然而全球性疫情打破了这种日常，世界各地的无数人集体失业了。

职场也发生了前所未有的改变。从未尝试过远程工作的人，如今每天都在居家办公，从前不知Zoom为何物的人，如今每天在那上面开重要会议，偶尔还玩玩网络版酒吧问答。突然之间，我们都成了那位做客BBC（英国广播公司）新闻频道的嘉宾，一不小心老婆孩子就会在直播时推门而入。过去那些唱衰远程工作或线上兼职的人，也终于被打脸了。

尽管各方面都发生了或多或少的变化，有一个现象却始终没变，甚至愈演愈烈，那就是——职场压力。

老板们仍然三不五时发疯，同事们仍然令人抓狂，家庭和工作仍然难以兼顾，如何在职场上一路高升又不会积劳成疾，仍然深深困扰着众多打工人。我们迫切想要知道一个问题的答案：如何在工作的时候不发疯？而本书正是对此的解答。

你好呀，在厕所偷偷哭泣的打工人

我猜，打开这本书的朋友说不定刚在工作日的黄金时间躲进卫生间（可能是公司的厕所隔间，也可能是家里的浴室），然后一边皱着脸哭，一边把眼泪抹在开衫毛衣的袖子上。也许你正整夜整夜地失眠，但没有数羊，也没有听马修·麦康纳（Matthew McConaughey）朗读的睡前故事，而是控制不住地回想那些烦人的工作邮件，还有与职场死对头在Slack上的聊天记录。也许你根本没怎么哭，还很擅长情绪管理，一切都没毛病，只不过在和上司开会时实在是有点绷不住了。不管你是以上哪种情况，我都理解这种感受，我懂你。

即使你没有因为工作上的事哭过，职场压力这个问题也不是闹着玩儿的。和上司处不来、与同事生龃龉，总被认为是职场生活中的小插曲，人们总说"不该让这些小事打倒我们"，最好把它们当成文具店里随手淘来的笔和便利贴，扔进抽屉深处，彻底抛之脑后。

人们总说，职场上的问题在现实生活中根本算不上问题，工作的归工作，家庭的归家庭。"别把工作带到家里"或"进公司前解决好自己的私事"，这种公私分明的模式一直备受推崇，但在居家办公时代，工作与家庭的界限变得非常模糊。那么到底应该在哪里解决职场上的问题呢？人们总说，在职场上要学会两套功夫，既要做到滴水不漏、波澜不惊，又要时刻保持平易近人、与人为善。人们总说，劳累过度是实现抱负和取得成就必经的阶段，是努力打拼的标志，尽管它本质上不过是畸形企业文化和管理作风的副产品，毫无必要。在有些人眼中，员工似乎不该感到疲惫，也不该生病，但现实中有几人能如此？如果逼着自己按照这套不切实际的荒唐理论工作，一定会陷入孤独，过得像个苦行僧。职场压力不仅会使你与同事疏远，还会侵入你的生活，使得朋友、伴侣和家人与你渐行渐远。

就我个人而言，我在工作中经历过太多被焦躁和愤懑支配的时刻，每当这时，我就会心跳如擂鼓，掌心渗出冷汗，肠胃一阵阵绞痛。在许多会议上，我把双手藏在桌子底下，脸上极力做出愉快的表情，但指甲却深深掐进掌心，内心在无声地尖叫："哦天啊！"我曾幻想自己飞出会议室，像《古墓丽影》中的劳拉·克劳馥（Lara Croft）一样，在空中几个翻飞，落在我的凯旋牌摩托上，然后一边向老板比个中指致意，一边驶向落日余晖，直到身影融入远方，彻底消失。我曾在宽阔的办公楼大堂游荡，无助地盯着死气沉沉的地毯，任压力和孤独将我吞没。我曾在好多家公司的卫生间哭泣，这些地方连起来甚至能构成一条新的伦敦远足路线（感兴趣的朋友可以私信我了解）。

回顾我的职业生涯，当备感压力时我读过许多商业书籍，也读过不少职场女强人的励志语录，希望能找到某种答案，希望有人能为我指点迷津，告诉我接下来该怎么办。然而除了少数几个例外，大部分时候无论我把这些心灵鸡汤读多少次，无论我看多少成功人士的 TED 演讲，甚至买他们的书，我还是不懂他们到底想说什么（没有贬低的意思）。比如说以下这几句：

"共情的本能，加上实干的严谨，是领导者战无不胜的成功密码。"
——法兰·豪瑟（Fran Hauser）《柔韧》（The Myth of the Nice Girl）

"我们既要冲破女性的职场天花板，又要提升女性入职的门槛。"
——谢丽尔·桑德伯格（Sheryl Sandberg）《向前一步》（Lean In）

"我是一个工作狂，我的字典里没有'不行'这两个字。如果我不睡觉，其他人也别想睡。"
——碧昂丝·诺里斯（Beyoncé Knowles）

每当读到这类语录，我都会一脸黑人问号（像那个很火的表情包)。现在有很多关于女性职场天花板(以及门槛)的讨论,满大街都是女性如何成为领导的方法论,而这个群体普遍流露出的优越感也是热门话题。女强人们会毫不掩饰地炫耀自己的日常:她们起得比鸡还早,做一小时运动,再做一小时冥想,接着再和日本分部开一个线上短会,而这时候许多人甚至还没吃早餐*。这种话语让我无比焦虑,因为它们传递出一个信息,那就是要想成功,我必须彻头彻尾地改变自己,改变习惯的工作方式,还得练就少睡觉的神功。这种认知让我身心俱疲,茫然不知所措,而我的困惑仍然没有得到解答。

我是谁以及我这一路是如何走来的

我在伦敦生活了 14 年多,却是个土生土长的加利福尼亚人。我的家乡叫埃尔克格罗夫,是萨克拉门托以南的一个郊外小县城。青少年时期,我简直是电影《伯德小姐》(Lady Bird)中西尔莎·罗南(Saoirse Ronan)饰演角色的翻版:我加入话剧社团,在咖啡馆打工,对玩乐队的男孩犯花痴,动不动就哭;我读了很多书,梦想着生活在巴黎或纽约,跟着《红磨坊》(Moulin)和《芝加哥》(Chicago)的原声带歌曲放声大唱,吃了很多塔可贝尔,还几乎不怎么碰作业。

意料之外却又深得我心的是,20 岁那年我移居英国,此后

---

* 成功人士的早餐,当然是非常素且完全不能满足味蕾享受的食物,比如三颗豌豆和一小杯姜汁。

一直从事数字出版业。（至于最终定居伦敦，就是个非常浪漫的爱情故事了。主角是我和一个英俊的英国男人，出场的还有社交网站 MySpace 以及一张 1000 美元的手机账单。）

　　做了几年自由编辑和独立记者后，2013 年我迈入了真正的职场。那以后我在数家知名科技公司和媒体公司供职，包括谷歌、微软、BuzzFeed 等，也在大大小小的初创企业工作过。在杰里米·克拉克森（Jeremy Clarkson）、理查德·哈蒙德（Richard Hammond）和詹姆斯·梅（James May）共同创办的科技公司中，我是唯一一名女性主管（毫不夸张地说，这是个很有趣的公司）。

　　虽然这些公司和头衔听起来很厉害，但老实说，大部分工作都非常非常艰难。我在以饼干命名的会议室里被人吼过；有那么几星期，我觉得自己工作的唯一用处就是与公司同一战线，让更多女性员工加入厕所偷哭大军；我曾因为绩效评估不佳而陷入自我怀疑，甚至觉得自己已经成了人力主管的一枚弃子。我为这些事躲在厕所哭过，除此之外，我还试过在气氛压抑的会上摆官架子（抱歉了，艾米、卡迪），不过最后也没起什么作用。我在专门供技术人员小憩的房间里练习冥想，甚至在里面一边躲我的主管，一边偷看《纳什维尔》（Nashville），仿佛只有这样才能让自己保持冷静。

　　我经历过的最近一桩职场闹剧是在 2019 年初，当时我担任女性网站 The Pool 的总编辑刚满 4 个月，就猝不及防地失业了，因为公司突然停了员工薪水，也停付了域名注册商的费用和自由供稿人的报酬。这本是我梦寐以求的工作，却终结得如此狼狈，弄得尽人皆知。

　　工作压力超标会影响心理健康，导致一系列后果，对此我有着丰富的第一手经验。在某份工作期间,我身上总是出现各种各样的毛病,不得不连着几个月定期去公司的福利中心。后来医生、护士和理疗师告诉我,这些毛病全是压力过大导致的。

《如何在工作的时候不发疯》是一本应对真实职场遭遇的指南,打工人经历过无数职场糟心事,却少有人拿到明面上讨论。我希望各位读者明白,你不是一个人,许多人都有同样的经历。正是出于这种考虑,即使我完全可以给一些冠冕堂皇的建议了事,却坚持将经历过的职场艰辛毫无保留地呈现出来。对打工人来说,有人与自己同病相怜,固然是一种安慰;而有人分享渡过难关的秘诀,无疑会更有帮助。本书正是后者,我知道大家需要这样一本书,因为我自己也需要!书中一切都是我的亲身感悟,不是职场话术,更不是华而不实的自助文学。(友情提醒:除了相当数量的爆粗口,本书还多次引用《哈利·波特》(Harry Potter)和《欲望都市》(Sex and the City)的内容,毕竟我好歹算得上大龄千禧一代。)

无论你是坐班办公的企业高管,还是轮值换班的零售业雇工,无论你是自由职业者,还是提供专业服务的技术人才,本书都值得一读。如果你嫉妒某人在职场上如鱼得水,混得风生水起,本书就是你的解药。即使是自由职业者(比如现阶段的我本人),我相信本书也定能令你感同身受。

职场上的女性

虽说职场压力是全民话题，无关性别，但我仍强烈感受到，某些问题对女性职业生涯的影响尤为重大，而市面上的商业或职场书籍几乎从未提及（也许是不能或不愿提及），比如同事之间相互嫉妒的现象，以及生育与工作的冲突等等。同时，我在书中谈到了许多性别色彩不重的普遍性话题，从应付难相处的上司到保护心理健康，从设定公私边界到兼顾事业和身体。这些思考来源于我和许多人的亲身经验——他们有着独特的性别认知，从事各行各业，有人力资源专家、心理咨询师、技术人员、创作者、自由职业者等等。正是因为人与人的工作经验不可能完全相同，他们的看法才更有借鉴意义。

我所说的"女性"，是指所有自我认知为女性的人，自然也包含跨性别者。相信本书分享的内容也能引起这个群体的共鸣。谈及育儿话题时，我会把有孩子并认真教养的人统称为"母亲"，无论他们是否生育。有时我会把"母亲"和"父母"换着用，不过相比之下，我更常用"父母"这个词。我想要尽可能照顾到各个群体，同时特别聚焦女性面临的职场困境。

我希望本书提出的建议，初时像一个温暖的拥抱，接着是一个严厉却充满爱意的耳光，然后又是一个拥抱，最后是快速踢上一脚，催促着你继续前行。这就是我们在职场上需要的：同是天涯沦落人的慰藉，天还没塌下来的笃定，以及全力以赴、敢闯敢干的拼劲。

为此，我们需要理解当下这个左右女性命运的社会体系。

它有很多面：有等级分明的企业结构，男性天然占主导地位，女性则忍受着招聘和薪资上的种种不公；有白纸黑字的规章制度，压迫着女性的合法权益；还有对女性不友好的社会底层架构，制约着女性在职场所能晋升的高度。当前女性身处的职场环境之所以如此不利，无疑是受到了这些因素影响。因此，在讨论实际的应对方法前，不妨回顾一下过去50年间，职场女性的处境究竟改变了多少。

职场女性境况已大为改善？
只是有所改善，我们还有很长的路要走！

短短几十年间，发生了很多变化。20世纪50年代时，许多公司甚至还不允许女性员工进入会议室，可见《广告狂人》（Mad Men）反映的办公室文化并非虚构。直到1947年，剑桥大学才完全承认女性取得的学位有效[1]；距离美国颁布《同工同酬法案》（Equal Pay Act）仅仅过去了50年，而英国是57年；20世纪70年代之前，大西洋两岸的女性甚至不能在没有男性签名的情况下获得贷款。[2]

表面上看，今天的女性非常幸运。1997年到2014年间，美国由女性创办的企业劲增68%，管理层中的女性比例达到新高，女性"养家人"渐成常态[3]。部分女性收入相当可观，不仅有年终奖加持，还持有企业股份，这在上一代女性中极为少见[4]。在这个科技日新月异的时代，我们有机会从事前景大好的新兴行业,许多女性在光鲜亮丽的办公室工作,配备有休息室、乒乓球桌和全套健身设施,每周还有特定的休闲时间,公司会提供免费热饮,有时还有比萨(虽然又冷又硬)。

与我们的奶奶辈相比,女性待遇确实前进了一大步。但即便如此,现实中仍有许多性别不平等的现象。格蕾塔·葛韦格(Greta Gewig)执导的 2019 版《小妇人》(Little Women)就是一个绝妙的文化例证,这部电影由 1868 年出版的同名小说改编。葛韦格指出:"这本书关乎金钱,关乎女性,关乎艺术和金钱,而如果没有钱的话,要怎样创造艺术呢?"[5]《小妇人》成书 150 余年以来,女性争取财富和工作的过程经历诸多转变,却都不够彻底。

2020 年的大银幕上,艾米·马奇(Amy March)直言"这个世界对有野心的女孩子并不友好",乔·马奇(Jo March)慷慨陈词:"女性有思想,有灵魂,而不是只有感情;女性有野心,有才华,而不是只有美貌,我受够了人们总说女人只适合谈情说爱!"这些瞬间既让人醍醐灌顶,又振聋发聩。今天,即使女性为事业放弃家庭已不再那么离经叛道,仍始终被视为另类之举。世界对女性仍然不友好,这是显而易见的事实,从男性电影人对《小妇人》的不屑中就可见一斑。而这部电影未入围当年的剧本和导演奖项,更将他们的排斥展露无遗。

性别不公在政治上的体现,则是特朗普基列式*的操作。他有意遣散一批基金和组织,它们都是专为女性进行安全合法的堕胎手术、避孕措施及性教育的机构。此举无异于剥夺女性最

---

* 还没读过玛格丽特·阿特伍德(Margaret Atwood)《使女的故事》(The Handmaid's Tale)的朋友们,以及还没看过其改编电视剧的朋友们,这部作品绝对值得一看!

基本的人权,即掌控自己身体的权利。如果女性连自己的身体都无法控制,我们又如何能期待社会实现真正的男女平等?更遑论职场了。

仅仅一代人的时间,女性事业就进步显著。即便如此,我们仍不能欢呼雀跃,假装女性已经如碧昂丝期待的那样,成了世界的主导。现实依然令人挫败。没错,今天的女性可以拥有属于自己的信用卡(消费万岁),可以创立自己的公司,可以进入董事会,但如果我们仅凭这些就高高抛起贝雷帽,来一个玛丽·泰勒·摩尔(Mary Tyler Moore)式的庆祝,无疑是天真甚至是愚蠢的。因为我们都清楚,现实中男女依然不平等。女性不再仅仅局限于秘书或助理这样的职位,这没什么好感激涕零的;女性被"允许"进入职场工作,这也没什么值得兴奋的。

事实上,新冠疫情期间,女性充分证明了自己是经济的顶梁柱,是社会运转不可或缺的力量。《纽约时报》2020年四月刊指出,通常情况下,男性是美国劳动力的主力军,但疫情迫使各行各业大幅裁员,只留下最必要的岗位配备。高达三分之一的女性岗位被列为"必要"岗[6],包括护士、药剂师、超市收银员等。这部分"被忽视的劳动群体",收入难抵付出,社会地位边缘化,但正是她们"保障了社会的正常运转,照料着最有需要的群体,不论疫情前后都是如此"。诚然,出于种种原因,过去的女性权益比今天要微薄得多,甚至可能根本就不存在;诚然,男性在工作中也会遇到许多困难,毕竟很多问题是共通的。但从很多方面来说,现代职场环境对于千禧一代和Z世代的女性尤为不利,如果你还是有色人种、存在身体残疾、有心理疾病,或是LGBT群体,处境必然会更糟糕,职场待遇和薪资水平根本无法和白人男性相提并论。(这都是事实,请不要私信骂我。)

当代最伟大的哲学家之一彼得·帕克(Peter Parker)曾说:"能力越大,责任越大。"(是的,我看到那章《蜘蛛侠》了。)而女性获得越多自由——工作自由、财富自由、身体自由、思想自由,就会出现越多新问题。职场压抑着我们的本性,阻碍着我们的发展,别人嘴上不说,其实内心深处还是觉得我们应该待在家里,不要挡他们的路,这就是所谓的"无意识偏见"。新的问题层出不穷,压在女性身上的责任却越来越多。

生活中,我们当然不是基列的使女,但从某种意义上说,我们是。今日女性拥有的权益已经远胜过去,但未来仍然任重道远。

职场生活对于女性来说为何如此艰辛,我列出了以下几个原因:

1. 某些企业管理层才不配位,资历不足,对员工的职业发展、工作效率和心理健康都造成了负面影响。

2. 在毫无边界感的不良企业文化下,员工的自我、嫉妒等情绪被放大,心理问题和职场闹剧层出不穷,加班、压力过大等现象被过分合理化。

3. 企业给员工灌输"公司是一个大家庭"的思想,为他们营造一种虚假的安全感,鼓励他们"全身心投入工作中"。而一旦他们把真实的自我带到工作中,又会因此吃苦头。

4. 女性的工资仍然低于男性,并且整个职场环境对家有小孩的员工很不友好,尤其不利于已为人母的女性。

我们所处的社会体系使女性居于劣势,简直像有意不让她们成功似的。职场对于女性终究只是容忍,而非彻底接纳。男性为我们打开了职场的大门,却没有平等地对待踏入这道门的我们。

本书的中心,就是给出应对方案,改变女性与这令人窒息的职场之间的关系;就是做到力所能及的改变,也承认无能为力的局限;就是既学会应对棘手的外部因素,也敢于直面内心的情绪。每个人的情况都不同,每个人对工作和生活都有自己的期待,关键是如何从容应对职场的腥风血雨,同时依然保持理智。我相信无论过去如何,我们总能找到需要改变的地方,而首先就是改变自己。那么就从现在开始吧,打开这本书,会有你想要的答案。

○ 目　录

第一章　大权在握　如何应对糟糕的上司

　　遇到糟糕的上司是一种怎样的体验　- 005

　　糟糕的上司会做哪些糟心事儿？　- 006

　　你的感受很重要　- 011

　　遇到糟糕的上司怎么办？　- 013

　　（高难度）谈话的（高难度）艺术　- 014

　　你可曾认真表达过自己的诉求？　- 016

　　想清楚再回复，给自己一点时间　- 017

　　即使气氛紧绷，也要学会正念倾听　- 019

　　约法三章，贯彻到底　- 020

　　如何有效向上管理？　- 021

　　上司就是看我不爽，怎么办？　- 023

　　（以防万一……）　- 024

　　隔绝之墙　- 025

第二章　妒火中烧　如何应对职场攀比

　　羡慕 vs 嫉妒　- 029

　　姐妹情迷思　- 031

20+ 的员工和 40+ 的领导 - 035

那这事儿到底咋整？ - 038

嫉妒真的是洪水猛兽吗？ - 041

我们就是一群嫉妒心重、胜负欲强的魔鬼，但那又怎样？ - 045

第三章　鱼和熊掌　如何做到事业健康两不误

劳累过度与性向一样，也分人 - 052

女强人崇拜 - 055

绝经和躺平，何者先来？ - 061

是什么让我们对工作如此拼命？为什么我们会让自己劳累过度？ - 065

避免劳累过度的秘诀 - 071

守住自己精力和健康的底线 - 075

请不要放弃一切，离群索居 - 078

第四章　边界与自我　"工作之所以为工作……"

为什么"公司是你家"是一个天大的谎言 - 083

职场骗局 - 085

如何把同事处成同事，而不是随时绑定的"家人"？ - 087

为时间设定边界，艰难平衡工作与生活 - 090

远程办公也要设定边界 - 093

如何进行专业的工作交流？ – 097

尽量精简，减少阻碍 – 105

线上会议的奇妙礼仪 – 107

大致来说，这些就是不在工作中惹人厌的方法 – 111

第五章　领导与责任　如何成为你从未遇到过的完美上司

整个职场体系不利于"优秀上司"成功 – 115

什么样的人才是"优秀上司"？ – 119

心理安全：打造团队真正的密钥 – 122

小心"巨婴领导" – 124

请不要吼别人，也别让人吼你 – 125

很遗憾，不是每个人都会喜欢你 – 127

你可能会有管理层专属的"错失恐惧症"，但一切都会过去的 – 129

尊重每个人的时间 – 131

惩戒与批评 – 132

危机管理 – 134

通知员工失业，真的很可怕 – 137

行动起来比群发邮件有用 – 139

总之，做个善良的人 – 141

第六章　真实自我和心理健康　在职场中"做自己"的迷思

在职场中处理心理健康问题的辛酸真相　- 148

忠于内心、条理分明地工作　- 152

心理模式及其对职场交往的影响　- 154

控制好你的心理问题　- 157

偶尔也可能出大事　- 159

处理工作中的丧亲之痛　- 160

在职场上展示真实的自我　- 163

做自己，或理想中的自己　- 166

第七章　欲望和规划　你到底想要什么

为什么五年计划不是成功学的智商税？　- 171

如何制订五年计划？　- 176

你在行动了吗？　- 178

与失望和解　- 179

定期回顾和检查　- 180

第八章　父母与父权　何时能"工作养娃两不误"

工作之母……工作就是你的孩子　- 186

产假背后的残酷事实　- 187

产假歧视已成常态　- 190

傲慢与（因生育而出的）偏见 - 191

母亲的精神负担 - 193

你能成为自己从没见过的人吗？ - 195

照顾孩子以及产后复工的代价 - 197

找到适合你的方法 - 199

放一首烂歌，让一切好起来 - 204

所以到底怎么选？ - 207

职场中的生育问题 - 210

你会成为什么样的父母？ - 214

第九章　不幸与失败　事业二三事

裁员 vs 开除 vs 停工 - 219

我失业后都做了什么？ - 220

直面难关 - 222

你的价值不在于一个职位 - 224

修复模式开启 - 227

找到积极面 - 232

下一步怎么走？ - 234

寻找黑暗中的希望 - 235

一切都会好起来的 - 237

第十章 预警与直觉 找工作如何避雷

赢得新公司的青睐 －242

尽早排除"雷点" －246

如果面试已经是噩梦，入职后只会更糟 －247

正义、价值观和风险 －252

提前了解求职的公司 －255

学会谈钱 －256

如果你是自由职业者 －261

如何判断何时应该离职 －263

不要为了和好友继续共事（和免费下午茶）勉强留下 －265

辞职前，制订财务计划 －267

尾 声

再见了，超级忙碌的女强人生活 －270

"年轻人啊，无忧无虑地奔跑吧" －272

附 录 －274

注 释 －281

第一章

大权在握

如何应对糟糕的上司

周例会，又是一个不得不参加的无用会议。工作堆积如山，我绷着身子，争分夺秒地在会上做事。上司就是在这时传过来一张黄色便条，完全没有避着同事。

我把便条上的内容读了好几遍。

真的非要在开会的时候用电脑吗？（微笑、亲吻）

亲吻？

我一脸迷惑，但更想知道是什么怪人才会在诘问的话后面加表情，还是微笑和亲吻。尤其是那个亲吻，简直令我毛骨悚然，她是觉得这样能掩盖她控制狂的本性吗？她自己在会议上画表情，却说我不专心开会？就连《欲望都市》(Sex and the City)中伯杰给卡丽（Carrie）的分手便条都没用表情，连伯杰都知道这种时候用表情有多不合时宜。

我咬牙切齿地合上了笔记本电脑，老老实实夹起尾巴做人。我感到自己的卑微，脸迅速烧起来，心中又羞又恼，好像回到了学生时代，被老师当众点名批评。对于我这种讨好型人格的完美主义者来说，不论是在学校还是职场，这种公开处刑都难以忍受。但最过分的是，我什么都没做错，却要平白受气。可以说，这张便条很好体现了我和当时那个上司的关系。

"非要在开会时用电脑吗？"如果要我按时完成项目，那么是的，我必须在开会时用电脑！微笑、亲吻（可去你的吧！）。

最气人的是，这位上司自己经常在会上回复邮件，把键盘敲得噼啪响，而团队其他人还在迷茫地盯着大屏幕上的流程图，试图弄清会议进行到了哪一步。

在会议中使用电脑很没礼貌吗？这确实不太好，但只有在这家公司，我才会这么做。我这是跟同事学的。特别忙的时候，不少人一边开会一边工作，只要会议没有特别强调，大家也就睁一只眼闭一只眼了，这已经成了这里企业文化的一部分。谷歌等公司都有类似的文化，员工走到哪都带着笔记本电脑。到全球各地的谷歌分公司参观，你会看到员工们把笔记本电脑紧紧地抱在胸前，像疯狂的蚂蚁一样窜来窜去，从一场会议赶赴下一场。他们会把自己的苹果笔记本搁在文件柜上回复邮件，甚至在拥挤的电梯里一手托着笔电，另一手在上面打字。

在这家公司，几个小时连轴转地开会是常事，而工作则需要在各种会议、团建以及一对一谈话的空隙中见缝插针地完成。*在一场接一场的会议间隙，我们会随便夹点味道一般的免费沙拉，揣上几罐零度可乐，再带几块约会剩下的马芬蛋糕和蛋白棒，或是咖啡馆的小零食，然后急匆匆赶赴下一场会议。如果我们要离开五分钟去解决生理需求，还得悄声向邻座的人说着不好意思。这还仅仅是小号，根本没有时间上大号！完全没有时间！

出于某种原因，我没有扔掉那张便条，而是放在抽屉里，好像它可以证明我曾在一家多么离谱的公司上班。从那家公司离职后，我把它夹在了文件夹里。一年后我又翻到了它，于是拍了张照片传到网上，收到了许多有趣的回复。我从来没有哪

---

* 没人把开会叫做二对三或者五对一谈话，但就是有一对一谈话这种说法。

条帖子收到过这么多评论（连美美的自拍都没有！）。评论都是清一色的吐槽，我深以为然，而且特别想告诉他们，这还仅仅是冰山一角。不过这张便条简直是我和这位上司共事体验的生动写照，既迷惑又荒谬，压迫感极强，还要忍受她无时无刻不在散发的职位威压。

在职场生涯中，我遇到过好几位上司，不幸的是，他们大都不怎么样。有的只是有点不靠谱，总体无功无过；有的则压迫性极强，整得我心态失衡，产生自我怀疑。在星巴克时有位上司总是说我年纪轻、资历浅，还对我的一日三餐指手画脚。我遇到过许多男性上司，压根不懂和我进行眼神交流，但还算尊重我的工作和时间。我也遇到过非常强势的控制狂上司，有位上司甚至在我刚递交辞呈一小时后，就在推特上取关了我，还不打算付我辞呈受理这段时间的工资。

不过我遇到过的最糟糕的上司还是写便条的这位，以及她的顶头上司（那就是另一个故事了）。这两位真的把我逼到了崩溃边缘。与她们共事的唯一好处，就是我学会了如何处理与工作的关系，以及如何与自己对职业生涯的期待和解。虽说她无意教给我这些，但从她身上，我还是悟到不少职场真理。

职场上最常见也最痛苦的遭遇，莫过于遇到糟糕的上司。关于上司职场霸凌对员工心理的影响，近年来有不少相关研究[1]。俗话说，离职者辞掉的不是工作本身，而是上司[2]。我深以为然，至少我自己就是这样的。

遇到糟糕的上司是一种怎样的体验

在与各行各业女性交谈的过程中,我发现上司管理无方的现象很普遍,员工与上司关系紧张的情况也绝对不是个例。

与伦敦的心理咨询师凯特·霍根(Kate Hogan)聊天时,她提到自己病人们最显著的共性——她的病人80%都是女性,年龄从20岁到40岁不等,她们都觉得难以和上司相处,"既不敢提要求,又不敢反驳"。她说,"这是人际关系问题,而不是能否完成手头工作的问题"。

还有一位女士说,她在莱斯特广场一家酒吧做侍应生时,总是被"恶心"的客人骚扰。"有天我告诉老板,有个男的每天晚上都来,明显是骚扰。结果他说,在这里工作就是以色侍人。而我一直以为自己的工作只是卖酒和打扫卫生!"加利福尼亚一名31岁的女性也和我聊起过类似经历。她给上司发了一封正式邮件,投诉公司男同事对她进行性骚扰,人证物证俱在,而她上司回复了一句:"所以你想要我怎么办?"

在需要帮助时,感到自己被抛弃,同时意识到上司并不是你坚实的后盾,这肯定会令人大失所望,甚至会完全改变你对这份工作以及这家公司的看法。如果你本来就压力山大,焦虑不已,上司的漠然态度更是雪上加霜。

《当你悲伤时请记住:女生心理健康行为指南》(*This When You're Sad: Lessons Learned on the Road from Self-Harm to Self-Care*)一书的作者、30岁的玛吉·凡·艾克(Maggy Van Eijk)说,她在一家英国大型广播公司工作时,告诉上司自己怀孕的消息,当时他的反应是："可是你根本没有男朋友啊。"玛吉又说自己有男友，他回答："你看起来不像是有男朋友的样子。"玛吉说她"到现在都不知道他说这话什么意思"。

我第一次听到这件事时真的很无语，让我震惊的不是她上司的话，而是这种话居然出自一家大公司的管理层之口，毕竟大公司一般都会有自己的一套培训方式。即使不是大公司，任何一个做到管理层的人至少都应该有这点情商和常识，知道谈论怀孕这类敏感话题时要有最起码的尊重。

玛吉和我看法一样："他对管人根本一窍不通，我觉得他要的只是这个头衔，并不是真的想和员工打交道。"可不就是这么回事嘛。

糟糕的上司会做哪些糟心事儿？

就我的调查来看，再结合我个人的经验，天下所有不称职的上司都有不少共性。职场霸凌研究所（Workplace Bullying Institute）所长盖瑞·纳米（Gary Namie）博士列出了25种常见的职场霸凌行为。在福布斯网《如何对付职场霸凌的领导》[3]这篇文章中，可以找到这份清单，其中包括：

- ·谎报员工绩效，影响其述职评估。
- ·拒绝完成自己的分内之事，比如签字、接电话、配合合作方工作等，导致员工的项目失败。
- ·有意孤立某个员工，要求其独自完成工作，或把其工位与其他同事隔开。

这些事我经历过不少,但我觉得"霸凌"这个词比较敏感,毕竟在社交媒体上都用烂了,不同的人可能会有不同的理解。在我看来,霸凌就是一种越线行为,不仅仅停留在双方意见不合、有点棘手的局面,而是升级成带有攻击性的羞辱和恐吓。同时还要注意,霸凌并不总是歇斯底里的大叫,也未必是指名道姓的辱骂,可以是用平静的语调说着威胁的话,无须点名就将对方羞辱得体无完肤。

基于我的亲身经历,再结合写这本书时与其他女性的谈话,我总结出"糟糕的上司"最常见的共性:

1. 不公开自己的工作任务和行程,不与员工分享必要信息。
2. 不善于人际交往,情商低:
   - 拒绝眼神交流。
   - 缺乏最基本的礼貌。
   - 对员工生活漠不关心(从不过问周末或宠物之类的话题)。
   - 从不与员工进行一对一谈话。
3. 与整个团队脱节:
   - 自己单独办公。
   - 不和擦身而过的员工打招呼。
   - 发通知(尤其是坏消息)喜欢用邮件群发,而不是当面开会。
   - 从不参与团建活动。
   - 毫不掩饰对某个员工的偏袒。

4. 不尊重员工的私人时间，安排过多工作：

·在非工作时间联系员工。

·连续发很多邮件或消息轰炸员工。

·每项任务都"紧急"，完成时间卡得太紧。

·开会迟到甚至缺席，临时取消会议，频繁变更约谈时间。

5. 管得太紧：

·死抠细节、吹毛求疵。

·要时刻知道你的所在地。

·频繁询问工作进度。

·事无巨细地教你怎么做（甚至就在你背后手把手教）。

6. 极端情况下，上司还会：

·口出恶言，谩骂威胁，刻意羞辱员工。

·驳回员工投诉。

·报复投诉自己的人。

刻意造成信息不对等、对无关痛痒的细节吹毛求疵，高居糟糕上司行为的榜首。尤其是有些领导在你真正需要时，总是不见人影，好不容易出现，就只会对你完成的工作挑错。

玛吉指出，要是上司总是神龙见首不见尾，很容易造成大问题。"他们不需要多么暖心，多么开朗，完全可以保持原来的性格，但是不能总让人找不到。因为下属需要[如实汇报工作进度]，提出工作中的问题，给出自己的反馈，这个过程必须有来有往，并不会因为谁级高一等而改变。"

在大型跨国公司工作自然有不少福利（比如免费的午餐、站立式电动办公桌、更多房间，便于躲起来哭），但听命于外国上司这件事本身就有不少困难。玛吉说："在跨国公司工作，会经常感到自己不受重视，按优先级排处于靠后位置。约好的一对一谈话总是变动时间，也从没资格主持会议。"上司可能没有意识到，这就是在暗示员工，他们没那么重要，公司对他们并非一视同仁。

居家办公的朋友可能也发现了，接受上司的远程监工也并非易事。疫情前，上司可能恨不得你长在办公桌上，而疫情期间，他们会时不时给你发消息，甚至盯得比在办公室还要紧。即使你只做过线上的工作，要是遇上一位凡事都要亲力亲为的上司，要求你每条信息、每个电话、每封邮件都要回，恐怕还是会备感压力。有时你只是稍微休息了一下，或去上了个厕所，或暂时关掉消息提醒以便专心工作，才没有及时回复消息。如果还得因此担心上司会不会心怀不满，伺机找你的茬儿，就更不能集中注意力工作了，甚至还会影响非工作时间的休息。远离了上司，却不能远离上司的消息，真可惜啊。

38岁的费莉希蒂在英国从事科学传播行业，供职于一家大型跨国公司。她所在团队的高级副总裁（SVP）是从美国调派过来的，这真是一位奇人。团队其他成员只知道他来上班了，因为他们会时不时在公司里和他擦身而过，但这位副总裁从不打招呼，甚至连看都不看他们一眼。天啊！

更无语的是，费莉希蒂唯一一次和这位副总裁共处一室，还是他表示要将费莉希蒂踢出团队，理由是她的专业技能对团队并无用处。费莉希蒂请求开一次会，说明一下为什么会得出这样的结论，副总裁同意了。然而快到约定时间时，他提出要改天再开（还是发邮件通知，哪怕他就坐在旁边）。重新约的时间他又放了费莉希蒂鸽子，而且全程就坐在一个透明会议室里玩手机。"他甚至舍不得放下手机，出来开个会。只是发信息给我说他很抱歉，有一个紧急电话要接，保证会另找时间，"费莉希蒂说，"他怎么能这样？他就光明正大坐在那里，毫不掩饰地用行动告诉我：在他眼里，我和我的职业生涯根本无足轻重。"

如此公然爽约，浪费别人时间，是对他人极大的不尊重。做领导的人应该引以为戒，不管多忙都不能这样。对于员工来说，和领导约定汇报工作是一件很严肃的事，如果领导有意无意表现出不重视的态度，或是一副不确定自己有没有时间的样子，都是非常不专业的行为。要是领导自己都对日程安排迷迷糊糊，员工又怎么会认真学习时间管理？

领导在听员工述职过程中的礼仪也很重要。职场霸凌未必都像影视剧里播的那样明目张胆，多是隐晦而细微的，一点一点将人折磨到崩溃。尤其是牵涉敏感问题时，比如对某种文化的刻板印象，以及种族歧视。

玛丽安娜今年31岁，是一名混血酷儿人士。在加利福尼亚北部一所高中任教时，她和顶头上司的关系真是一言难尽。学校人事调整后，这位上司是行政组里唯一一位和她同为有色人种的职工。玛丽安娜告诉我，职场上有色人种之间的相处需要引起更广泛的讨论。有些有色人士是部门里的少数，又身居领导之位，反而会对其他的有色人士百般刁难。以她自己为例，玛丽安娜这位领导对她可比对其他白人下属苛刻多了。

于是年中的时候，上司告诉玛丽安娜有人评价她"过分强势、直言不讳、咄咄逼人",但没告诉她是谁说的,以及为什么这样说,还多次言语敲打她,让她埋头做事就好。最后玛丽安娜对上司说:"同为棕色人种,你竟然指责部门里唯一一名女性同类过分有主意、过分强势。"但她的上司并没有让步,而是直言他不希望玛格丽娜再追究此事,也不想介入调解。他的原话是"在你拿到终身教职之前,必须照我说的做"。这就是赤裸裸的威胁,暗示她如果不愿息事宁人,就别想成功评上终身教职。

上司将玛格丽娜置于两难境地,如果她坚持追究,不仅坐实了"过分强势、直言不讳"的名头,还有可能丢了工作。这件事涉及种族、文化等复杂的因素,更加大了其杀伤力,也在上文提到的职场霸凌的范畴。

如果上司承认自己的行为有错,却无所畏惧,甚至肆无忌惮地利用职权封住你的嘴,就是在威胁,就是在霸凌。

你的感受很重要

职场霸凌会令你感到孤独,会造成巨大的压力和焦虑,严重影响心理健康。

比起你朋友当着客户的面被领导吼,开头提到的便条事件似乎显得无关紧要,也没造成什么严重后果。但这类事件令当事人感到羞耻、尴尬、难受——无论如何,这些感受是切实存在的。

与上司相处得如何,对员工有很大影响,理解这点很重要。

咨询师凯特·霍根指出，在向朋友（或咨询师和职业规划师）倾诉过后，员工可能会后知后觉地意识到，自己在职场上吃了亏，受了欺负。她表示，当局者迷，遇事时，我们的第一反应总是自己没做好，错失了翻盘的转机，将所有错都赖在自己身上。我们揽过全部责任，对自己说："是我没有安排好，是我没有处理好，这件事应该就此翻篇，不应该再提了，我必须平静地接受，打碎了牙往肚子里咽。能得到这份工作，我已经很幸运了，应该时刻心怀感恩。"

和我听过的职场遭遇相比，便条事件确实显得微不足道。但问题不在于一张便条，而是和这种上司相处的复杂感受。总是处在焦虑和害怕的情绪中，其他同事未必能理解你，因为对你来说很糟糕的上司，在别人眼里可能是模范领导。

你工作时的感受、与糟糕上司相处的体验，会对生活和工作产生极大影响。上司行事欠妥，不应简单地归为"工作中难免会这样"或"性格使然"。一旦影响到心理健康和正常工作，绝不能强忍、随意忽视或姑息。

单独来看，便条事件也许没什么大不了的，但那种压迫感如影随形，日积月累。一杯水也许不重，但连续端着几个小时、几天甚至几年，就会变成巨大的负担。轻微的职场焦虑就像这杯水，积年累月，就会变成难以承受之重。

遇到糟糕的上司怎么办？

应付上司，没有万能模板。不过有个好消息：虽然上司偶尔看着不太正常，甚至有些行为特别像精神病，但真正的精神病患者只占总人口的1%[*]。可以暂时松口气，但问题还没有解决。

要知道答案，我们要先退一步，从旁观者的视角来看。

我在医学、心理健康方面并非专业人士，也不是律师，不过如果你认为自己的劳工权利受到侵犯，有相当多的资源能帮助你维权（详见本书附录）。然而，如果你的情况并未触犯法律，只是把你折腾得苦不堪言，又该怎么办？

之所以难办，不单单是因为与上司有矛盾，还因为要想解决问题，必须逼自己迈出舒适圈。

必须敢于站出来，为自己发声，还要与上司进行尴尬的交流，很可能会令你不适。

必须不卑不亢，有充分的耐心。哪怕上司曾让你不好过，也要认真听他说话，甚至要试着与之共情。要和上司约法三章，更重要的是，要学会向上管理。

要做到这些，必须学着进行"高难度谈话"。讲实话，你可能和我一样害怕这玩意儿。

---

[*] www.forbes.com/sites/jackmccullough/2019/12/09/the-psychopathic-ceo/#6ecd5fb3791e

（高难度）谈话的（高难度）艺术

与上司和同事进行高难度谈话绝非易事，但正如《成长到死》（Rising Strong）的作者、人称"无畏女王"的布琳·布朗（Brené Brown）所说，要选择勇敢而不是舒适，要迈出舒适区，而不是一味愤怒。[4] 与上司谈论职场压力令你不适，但如果能改善你的处境，就值得一试。如果 20 分钟如坐针毡冷汗涔涔的谈话能让你周日晚上不再加班，显然是一笔不错的买卖，不是吗？

进行一场高难度谈话的最好方式是：

- 试着相信你谈话的对象。
- 不要对结果抱有太高的期待。
- 你没有读心术，也不必弄清楚对方每个行为背后的意图。
- 谈话的目的是找到解决方法，而非一味列举问题。

最重要的是，坦诚是保证高效谈话最简单的方法，而且双方也舒服。有不少书专门讲解了高难度谈话的技巧，我为有兴趣深入研究的朋友列了一份书单，详见本书附录中的"资源"部分。

高难度谈话并不需要你放下所有心防，也不是要你想到什么说什么。真正的高难度谈话无须太矫揉造作，而是要坦诚交流、忠于内心，同时要时刻谨记这场谈话的目的，尽量实现自己的诉求。

高难度谈话不是模仿电视上的女强人谈判,不用叫上姐妹提前打好发言稿,在谈话时一口气背出来。只需要平和冷静地表达自己的诉求(比如告诉上司,请再安排一名员工来帮助你,否则你就要被工作压死了),同时保持真诚,不用纠结自己在谈话中的表现。

由道格拉斯·斯通(Douglas Stone)、布鲁斯·佩顿(Bruce Patton)、希拉·汉(Sheila Heen)共同执笔的《高难度谈话》(*Difficult Conversations*)一书教会了我一课,谈话对象可能会认为,这种谈话是在攻击他们的职场身份和形象。试想,如果他们一直自认为是出色的领导,而你却指出他们在管理方式上有不足之处,还表达了你的失望或受伤,那他们很可能听不进去,甚至开始提防你、敌对你。

有不少方法有助于展开高难度谈话,比如思考对方的想法、试着与之共情、探索双方发生分歧的点及其原因,但这些还未必能保证谈话顺利。

我在谈话前,会先在脑子里面进行模拟,预设对方可能说的话,思考可能反驳的角度,并想好相应的说辞。但我从来没有猜中过。没人有读心的超能力,没人能看透甚至左右对方的想法,瞎猜只会让你在谈话中翻车,还容易显得不真诚。在高难度谈话中,不要想着去预判对方的反应,这会影响你的聆听和表达。

一位人力资源专家建议,如果没办法和上司进行有效的沟通,可以试着换个环境,去一个陌生的地方,换个角度切入谈话。不在办公室时,人的行为可能会有所改变,哪怕只是在公园散散步,谈话的结果都可能不同。

你可曾认真表达过自己的诉求？

不管你是想做个兼职，换把舒适的办公椅，还是要定期进行一对一谈话，要更多人手支持，都要敢于发声，在有需要的时候大声说出来。（不好意思了领导们。）

举个例子，如果你很想定期得到领导的工作反馈，却总也等不到一言半语，想想：你向领导明确提过这事吗？他知道定期反馈能给你带来工作满足感吗？还是你不满只是因为，你觉得领导应该知道这些，而他却不知道，也就没给你反馈？

我经常掉进这个陷阱，因为我特别不喜欢开口求助。我会想当然地认为，他都是领导了，自然应该知道我的需求，不然怎么当领导呢？为什么还要我去开这个口？这种思维方式，就像情侣期待对方一下子就能懂他们、知道他们要什么。

可惜，生活没那么美好，职场生活亦如是。你必须开口，才能得到需要的东西。否则你的上司（或伴侣）会以为你对现状很满意，甚至觉得自己做得很完美。要让他们认识到自身的不足，关键在于你的行动。以下是具体做法。

勇敢迈出一步，提出你的诉求："汤姆，能请您在我们的例行工作汇报中，对我的项目给出一些反馈吗？我想每周都了解一下项目后续，这对我完成工作目标很有帮助。如果可以的话，我想知道客户对'长颈鹿项目'的评价。"

你领导先前毫不知情："啊没问题的，不好意思，我以为项目提交后我已经邮件告诉你效果了，完成得很出色，客户很满意。"

这时你应该更具体地表达诉求:"没错,但对我来说一个大拇指点赞的表情有点不太够呢。能不能请您给出更有建设性的反馈呢?比如哪些地方效果很好,哪些地方需要改进。"

显然你的领导之前觉得,大拇指点赞表情就足够了:"好的,没问题,我会给出具体的反馈的,以前没想到这层,很高兴你提出来。"

当然,如果你的需求比较细,比如定期反馈或弹性上班等,这个过程会简单直白得多。但如果是要求职位调动、上调薪资、增派人手,甚至是换领导之类的,可能需要摆事实讲道理,进行一场真正的谈判了。

如果希望明确领导对你工作上的期待,怎么开口也是一门学问。

想清楚再回复,给自己一点时间

有时一封工作邮件可能会让你血压飙升,肾上腺素激增,宛如当头一棒。这时最应该做的是给自己一点时间,不要急着回复。这不是指对邮件视而不见,刻意回避压力来源(多希望能这样啊!),而是要让自己保持冷静理智,防止误解加深或言语过激。

我们都知道,把烦人的邮件痛快地撑回去有多么美妙,那感觉太爽了,就像终于能让对方知道谁才是真正的老大。

然而,义愤填膺也好,恼羞成怒也罢,任何在情绪波动时敲下的回复，无一例外会使事情变得更糟。你想要表达的意思和你实际表达的意思是两回事。无论你自我感觉多么良好，无论你自认为写得多么鞭辟入里，无论你用词多么工整简洁，无论你的收尾多么掷地有声，对方都一定无法领会，反而会臆测，曲解其含义。以牙还牙、以暴制暴，无疑是自讨苦吃，尤其当对方是领导时。

在冲动地敲键盘回复之前，最好的办法是给自己留出时间，整理自己的情绪。别急着打字，先停下来喘口气。感受自己的情绪变化，是焦虑还是气愤？思考这种情绪产生的原因，是因为觉得领导在羞辱你？找回自己的节奏后，弄清楚以上两点，然后再试着组织一条回复，准确表达出想表达的点，你希望收到什么样的邮件，就给出什么样的邮件回复。*

另外，邮件可能不是最佳的回复方式。冷静下来后，不妨花个五分钟和对方面对面聊几句，或打个电话，或在 Zoom 上面开个视频会议，虽然这些方式听起来很吓人，但却有助于缓和气氛，有的人在网上咄咄逼人，当面交谈时却立马怂了。

回应前先冷静一会儿，这不仅适用于回复邮件和聊天信息。如果在 Zoom 上一对一开会时，领导的某句话惹恼了你，或说你工作做得不好，放话要扣你奖金，你难免会产生情绪波动，极易意气用事，说出些事后会后悔的话。

所以，要让自己停下这样的冲动，深呼吸，告诉对方："我需要一点时间来消化这件事，现在我的状态不适合谈话，我们另找时间。"

---

* 更多详情请参见本书附录"资源"中的 SBNRR 法。

比起一言不发地甩手就走,狠狠摔门,或是恶语相向,反唇相讥,这种做法要明智得多。如果你实在气得忍不住瞪眼,备感焦躁,下一秒就要破口大骂,只需要给一切按下暂停键,准备好了再继续谈。

同样,如果领导在会上故意刁难(比如"第四季度销量是多少来着?你那里有数据对吧。"),你无须慌慌张张地翻笔记、查邮件,只需淡定地说:"我这里当然有数据,但我一时记不住,下会后马上发给你。"

多希望以前的我能懂得这样做,给自己时间冷静,而不是甩过去一篇火药味浓重的回复。多希望以前的我能够深吸一口气,承认"我现在不知道怎么办,让我想想";能够冷静体面地离开那个房间,离开那些威胁和羞辱,而不是在桌子底下拼命把指甲掐进肉里,拼命憋回眼泪,连发言权都被剥夺(有些时候,那些难听的话正是为了堵住我的嘴)。

即使气氛紧绷,也要学会正念倾听

正念倾听可能听起来有点傻,但和回应前的停顿一样,正念倾听对职场内外的谈话至关重要,甚至能帮助你彻底改变与人沟通的方式。

在他人发言时认真地听,心无杂念地听,不会分心想起在西班牙丢行李的经历,然后打断发言的人,讲出这则趣事。也不要边听边想待会儿要怎么回答,怎么措辞,怎么抖包袱。(这样的后果通常是没抓住对方话里的重点，没听到对方的问题，结果答非所问。）

我接受心理咨询已经很久了，读了许多心理学书籍，但我做的最糟心的事，就是试图在听他人倾诉时分析其心理状况，还想着提出治疗建议。结果就是我全程只顾着从心理层面判定他的症状，回忆有什么书或播客可以帮助他，以及琢磨如何向他推荐。而我最应该做的其实是全神贯注地倾听他的话。

我参加过正念领导力课程，其中有一节练习的是正念倾听，我觉得受益匪浅。两名学员轮流听对方讲两三分钟，听的人要说"我认为你说的是……"，然后总结出对方所说的内容。这很难，因为要一边听一边记下信息，还要摒除大脑不断发出的"记住这些！马上要忘了！"的信号。

这个练习很有用，在高难度谈话中，通过总结对方发言的方式，可以体现自己的理解，暴露对方表述中的歧义和可能引起的误解。通过这种方式，倾听的一方可以向表述的一方求证，给对方机会纠正误解，领导和员工也能明白沟通是从哪一步开始出现差错，我们会明白，原来有些话是说者无意，听者有心，是自己先入为主地曲解了领导的意图。

约法三章，贯彻到底

如果领导在晚上九点半打来电话，要和你"讲几句"明早的会议，如果领导直接站在你背后，对着你的电脑指指点点，盯着你做这做那，你不堪其扰，却束手无策。那么可能需要与领导来个约法三章，比如划定一段时间，专用于接收工作消息，或约定好进行工作反馈的方式和时间等。要是领导控制欲太强，也可以提出意见。

可惜的是，与领导定规矩，可不仅仅是列一二三条那么简单，还要找机会提意见，指出领导的哪些具体行为会影响工作效率。而这只是第一步，还要就如何改进建言献策，尤其要注意提建议的方式要适当，要让领导能接受。

如何有效向上管理？

向上管理就是管理上级。你可能会说："啊？管理上级又没工资拿！"没错，工作中有很多事没有明码标价，却必须要做，管理上级只是其中之一。这事儿听起来也确实令人发怵，但无论如何，你还是得做。其实前文提到的那些方法论都是在教你向上管理，惊不惊喜？意不意外？恭喜进入向上管理这一关！要知道，对付糟糕上司最大的秘诀，就是好好管理他们，做个成年人不香吗？

如果你和上司关系一般，向上管理会是一项体力活儿，好像多做了一份工。员工资历越深、在职越久，管理上司的担子就越重，扮演的角色也越复杂，也就需要越来越多的向上管理。越是身居高位，越难分出足够的注意力给下属。如果你的上司是CEO（首席执行官）、董事、总经理或是某个部门的部长，他们通常忙到无暇管你，只能指望你有需要自己说，有问题自己问，有意见自己提，凡事主动点，不要总等着别人指示。可能只有在董事会上你们才有机会说上话，27秒的间隙，你得大踏步挤到他们身边，尽可能简洁地表达自己的需求。这很难，但事实就是这么残酷，不是每个人都有能力（或心甘情愿）胜任。

麦迪·阿米蒂奇（Maddie Armitage）是营销沟通公司电通安吉斯（Dentsu Aegis Network）的数据产品经理，她表示在向上管理中，要理解上司的需求和压力，但首先要明白其所处的政治氛围：

> 与上司建立一定的私交很重要。了解了他们面临的难处和压力，就更能理解他们的工作方式，并予以支持和帮助。如果你明白上级的需求，那就尽可能满足这些需求，这就是向上管理的成功一步。我会直接问上司，我能帮上什么忙，要怎么提供支持、为他们分忧。以为上级解忧为先，有助于增进情分，增加信任，有助于你在公司里如鱼得水，有助于你跳出自己的圈子，突破思维的局限。

谢丽尔·弗格森（Cheryl Fergusson）是英国内衣品牌 Heist Studios 人事部门的副总裁，在研究个体发展方面有超过 20 年的经验。她说向上管理的方式取决于企业运行的模式。如果员工觉得难以管理上司，不妨留意一下上司与谁共事最合拍，据此调整与上司的交往方式，更好地进行向上管理。

她还建议，时机合适时，可以悄悄向与上司处得来的同事取取经，请教一下改进与上司关系的方法。事实上，许多高管颇为欣赏这种做法，因为这说明你在主动寻求更有效的沟通方式。

上司就是看我不爽，怎么办？

有一点很关键。

上述所有建议仅适用于以下情况：你的上司是一位明事理的人，听得进别人的话，看重自己的职位，认真履行身为上级的职责，广开言路，从善如流。在这点上有的领导确实有欠缺，但他们每次倾听，每次尝试，员工都有目共睹。有的领导也许有点小毛病，但也不是无法忍受；就算某些方面令人失望，只要有心改进，就已经比那些目中无人的领导好了太多。毕竟，如果领导打心眼里不把你的话当一回事，也懒得照顾你的需要，支持你的工作，那不管你说什么、做什么，都对你们的关系于事无补了。

共情、沟通、坦诚、真实、做该做的事，我认为不管是个人还是团队，都应拥有这些品质。但有些时候，即使团队中人人都拼尽全力，结果却依然不尽如人意。特别是有些领导宣扬的所谓"尽力"，其实是以牺牲职业发展为代价，也不利于心理健康。

领导不给你好脸色，有时只是忌惮你，有时是自身无能，有时是判断失误。但也有的领导就是看你不顺眼，就是想炒你鱿鱼。也有些时候呢，领导只是不知道怎么安排你的工作，错不在你,这个锅不用你背。

而职场成功学和所谓的专家很少会承认一个事实,那就是即使尝试了所有方法,仍有可能收效甚微。

也许你已经倾尽全力,使尽浑身解数,运用了一切情感方法和心理技巧,想要改善工作,增进与上司的关系,适应其管理方式,但都以失败告终。

本章提到的建议就像简易教程,也像待办事项清单,有待你一件一件完成。

- 我是否与上司进行了高难度谈话,并明确表达了自己的要求?
- 我是否尝试从不同视角来理解上司?
- 我是否理解上司当下面临的压力,以及对工作的期待,并尽己所能助其一臂之力?
- 我是否为自己规定了工作时段并严格遵守?
- 我是否多次尝试上述方法?

如果以上答案都为"是",但你的处境还是一如既往的悲惨,也许可以跳到第十章去看看找新工作的内容,以防在同一个地方跌倒两次。

(以防万一……)

在与给我便条的这位上司斗智斗勇的一年间,我做了一件非常重要的事，那就是记录。我会截图、记下讨厌的会议内容、保存邮件内容，这对我帮助很大，回看这些记录，是非对错，一目了然，事实显而易见，不管是我还是其他员工，情况都不容乐观。

如果你遭受着职场霸凌，并有心提起诉讼*，我强烈建议你把邮件、WhatsApp 上的消息、以及任何能作为证据的信息截图保存。开完烦人的会后，记下会议的信息、内容。把这些资料保存到 U 盘或云端，日后将派上大用场，还能让你过一把私家侦探的瘾，可刺激了。再糟糕的事也有好的一面，不是吗？

隔绝之墙

我介绍的这些方法旨在帮助打工人改进与上司的关系，促进双方沟通，让你既有机会在职场施展才干，又不必为此奴颜婢膝、神经错乱。这些方法都是我一路摸爬滚打的成果，不同的是，我的上司可不仅是难对付，而是根本不想让我继续干了。为了把我踢出团队，她无所不用其极，筑起一道无形的墙把我隔绝在外。而为了和她和平共处，我尽了一切努力，忍受了常人所不能忍的委屈。

我很清楚，要是一个更明理的上司，一定愿意听从建议，做出改变，和我修复关系，或是帮我换到另一个岗位。一位合格的上司可能会说："显然现在这个职位不适合你，但我可以帮

---

* 关于如何寻求必要的帮助，参见本书附录。

你调到其他部门，相信你一定会做得很出色。"

然而，即使我学到了这么多应对领导的技巧，却依然没能解决自己的困境。

最后，我实在受不了了，于是选择了离职。

我不后悔做了这么多努力，因为在这个过程中我加深了对自己的了解，也更明确了自己对工作和事业的期待。如果我一开始就骂骂咧咧地放弃，一定没法学到这一套向上管理的技能，也不会懂得如何进行高难度谈话，自然也就写不出这本书了。

离职是权衡后的选择，而不是落败后的逃跑，但必须是在所有路都走不通、所有方法都无济于事的情况下，才考虑离职。把上文提到的所有方法都试一遍，花时间去了解事实，搜集信息，而不是匆忙下结论，胡乱猜测上司的意图，这些很重要。在这个过程中我们会学到人际关系的复杂，学到如何进行高难度谈话，学到如何表达需求，如何开口求助。只有尝试过改变现状，我们才有底气承认自己的局限，才能在被羞辱时体面地转身离开。也许我们的上司会从中吸取教训[5]，但如果他们不反思、不自省，就永远也不可能进步。

第二章

妒火中烧

如何应对职场攀比

多年来，我特别容易对职场的女同事产生嫉妒、攀比和竞争的心理，我也一直在与这些心理做斗争。虽然嫉妒心和胜负欲是人之常情，天性使然，但要毫不避讳地承认，还是有失风度。小时候学校演话剧，我和其他女生有过一些不堪回首的过节，最终以"只是嫉妒心作祟"的理由搪塞过去。长大后，我明白了把女人之间的矛盾归结于嫉妒，无疑是一种刻意简化，完全没有触及真正的问题。

刚到英国工作时，我和一位女性朋友（姑且称她为简）闹掰了。她和我熟起来后没多久，就从我创建的网站中"获取了灵感"，自己建了一个非常相似的网站，相似度之高，实在难以忽略。她的操作很精妙地介于"获取灵感"、"剽窃"和"侵犯知识产权"之间。然而这三者又有诸多共性，不是简单"复制粘贴"式的抄袭，所以我没有充足的理由去给这种行为定性。

另外，时至今日，我依然极害怕与人发生冲突。那时我底气不足，心理素质也不强，根本无力与她抗衡。往后数年里，我魔怔了似的与她暗暗较劲，但从未当面提及这件事。我想狠狠打败她，而不想和她当面沟通，只是一边生闷气，一边执意要争个高低，结果给自己平添压力，浪费了大把精力。

事实上，这件事如鲠在喉，憋在我心里好久。不管是谁先想到的点子，最终她的网站做得比我的成功，粉丝和读者更多，她还根据网站内容出了一本书。记得在最喜欢的书店看到她的书时，我感到一阵恶心。她偷了我的创意，却将其运用得更加出色，听起来也许不太可信，但从各种意义上说，她就是做到了。

这事之所以这么硌硬，是因为我把很大部分的个人形象和自我价值建立在工作上。她欺骗了我的感情，弄虚作假，却可以全身而退，不付出任何代价。如果我当时没有被怨恨蒙蔽了双眼，而是强忍不爽和她谈谈，质问她为什么我们的网站会雷同，给她一个机会解释，也许结果会有不同。我本可以不必深陷嫉妒和竞争的泥淖，却选择沉湎其中。这件事给了我一个惨痛的教训：不要过分关注别人社交平台的动态，以及他们最近做的事，否则只会浪费时间，无益于做好自己的事情。

羡慕 vs 嫉妒

有意思的是，羡慕和嫉妒实为两种不同的情绪，虽然它们总是相伴而生[1]。羡慕就是对别人拥有而自己没有的东西生出的渴望[比如"菲比·沃勒-布里奇（Phoebe Waller-Bridge）幽默风趣又有才华，我也想像她一样，坐拥数座艾美奖杯，还是英国电影与电视艺术学院最佳女演员和编剧奖得主！"]。而嫉妒则源于他人对我们拥有的东西构成了威胁，那是一种不安和危机感（比如"我女友总是背着我撩瑜伽教练！"）。今日心理学网（Psychology Today）对二者区别的解释十分到位：嫉妒通常是冲着第三方，觉得他们抢走了属于自己的关注和爱。而羡慕只发生在两个人之间，相当于"我想拥有你有的东西"。[2]

心理治疗师、伴侣情感咨询师和《手机成瘾手册》(The Phone Addiction Workbook)一书的作者希尔达·伯克（Hilda Burke）曾谈到羡慕，她说这完全是人之常情，人在很小的时候就会有这种情绪：

> 羡慕带我们回溯生命最初的感受。那时我们还不会说话，第一次想要拥有别人的东西（通常是母亲的关注），却无法开口求得。同理，羡慕他人成就时，我们内心的感受其实是儿时心理的延续。因此，不妨对自己多点包容，承认自己的嫉妒心没什么大不了的。许多人觉得嫉妒有错，因而刻意压抑，但任何被压抑的情绪总会以其他形式反弹，没准哪天就会突然蹦出一两句刻薄的酸话。

人生来就有竞争欲，羡慕嫉妒也不例外。但女性经常被灌输一种观念：女人不能太要强，容易跌份儿。研究表明，男性更倾向于公开竞争，甚至会大加宣扬，而女性则对此三缄其口[3]。她们一般悄悄憋着劲，暗地里去努力去争取，就像没有声音却臭得惊人的屁。男人们则像航船上刺耳的雾笛，喷出一团团气，大喇喇地响，恨不得全世界都听见，那架势，所向披靡，势不可当。要是在哈利·波特的世界，要强的男人肯定来自格兰芬多，要强的女人肯定来自斯莱特林。（显然这个说法有点武断，没考虑到复杂的现实情况，但希望各位理解我粗糙的类比，省得我还要去查阅霍格沃茨魔法学院的资料。）

姐妹情迷思

为什么女性之间的竞争总显得上不了台面？为什么比起同性，女性与异性的较劲似乎更容易接受？

希尔达·伯克表示，当前的政治环境无形中给女性施压，要求她们要处得亲如"姐妹"：

> 我看到很多社交平台上的帖子，宣扬"女人帮助女人"，这当然很好，但会让很多女性不愿承认对同性的羡慕嫉妒之心，产生负疚感。男女薪资本来就有差异，晋升时争不过男性，还能推给性别原因，但女性之间的竞争是实实在在的，谁都可能成为赢家，那为什么不争？

更复杂的是，要是与同为女性的领导不和，员工会感到特别无助、失望。加利福尼亚北部的老师玛丽安娜告诉我，她职业生涯中最受伤的经历是，一位女领导对她很坏，她没有安全感，没有感到支持，甚至觉得受到了欺骗和操纵。

我经常听到这种事，如果员工碰了领导的钉子，而对方又同为女性，就会格外失落。我深有同感，但仅凭性别就对领导抱有期待，觉得她不会为难人，不会让人寒心，这样真的对吗？

我的朋友、《攀爬而起：女性以及野心的艺术》(*Lift as You Climb: Women and the Art of Ambition*) 一书的作者维夫·格罗斯科普 (Viv Groskop)，在这方面颇有见地。我问她为什么职场女性间的矛盾具有如此巨大的杀伤力。她表示,这其实是性别刻板印象作祟,女性也和男性一样,有可能不称职、不靠谱、不善解人意!

她继续说道:"希望这不会显得太刻薄,但我确实觉得标榜所谓'姐妹情'很幼稚,它要求你将自己视为奉献的一方,却不能期待同样的回报。应该多和能帮扶支持你的女性朋友来往,而不是把时间浪费在冷漠的女性身上。"

维夫所说的非常对,要和能为你提供支持的女性在一起。我也认同她说的,很多时候姐妹情是一个伪概念,我自己就栽过好几次。不知道为什么,公司的女同事(尤其是在男性员工居多的公司)对我有一种奇怪的原始吸引力。如果是社交场合,我很反感为了避免落单,去找在场其他女性抱团作伴。但在公司,我会忍不住主动和女同事攀谈,还满心兴奋,期待满满:她会是我在新公司的最佳拍档吗?我们会成为朋友吗?我内心在激动地呐喊:姐妹,加入我!

好吧,这确实很疯,还很危险。因为期望越大,失望越大。一旦她没法满足我狂热的期待,没回应我在办公室发出的交友信号,那种想和她做一辈子好朋友的期望就会迅速转变成失望。然后我的内心小剧场就会变成:天啊,我好像讨厌她了!她是不是讨厌我?不然为什么不和我一起吃午饭?为什么从不跟我打招呼?我们领导好像更喜欢她,肯定是觉得我不是牛津毕业的,学历不够看。最终这场内心大戏会升级成:好的,这女的现在是我的死对头了。这可不是什么好事,更何况一切全是我在凭空想象。只可惜,不少人都有这种内心戏太多的时候。

要说真正的姐妹情,没人比作家黛西·布坎南(Daisy

Buchanan）更了解了，她有五个姐妹，五个！她的书《姐妹情谊》(*The Sisterhood*) 讲述了几个女人之间的爱恨情仇。鉴于她与家里女人打交道的丰富经验，我问她如果办公场所全是女性员工，会产生什么问题。她回答，谈到职场女性的关系，外界普遍认为，她们彼此亲如姐妹，经常换位思考，有共同的目标、野心和动力。如果有谁觉得自己的女同事难相处、很烦人，那她就是女权主义的渣滓。黛西指出了一个非常真实的情况——现在社会不能容忍任何女性批评另一位女性，无论是出于什么原因。

喜剧演员埃莱扎·施莱辛格（Iliza Shlesinger）对此深有同感。在网飞喜剧特辑 *Unveiled* 中，她抨击了在当前政治氛围下，女性不敢对同性的看法提出异议的情况，因为担心被贴上"女权主义败类"的标签，或被安上羞辱同类的罪名。

她讲道：

> 喜欢不应是强迫的，这不是女权主义……仅仅因为来的是个女性，我就必须爱[她]，这种观点根本不合理。作为一位女权主义者，我能保证的就是：你加入公司，我很欢迎。你能力强，我很高兴。我不会因为你比我年轻漂亮、事业出色就讨厌你。但我和你都是公司员工，那就来场公平竞争吧，毕竟生活本就是一场比赛。

我同意她的观点，也知道这番言论很大胆，毕竟与女性同类相争的戏码终究是个雷区，给人感觉很不"女权"，也因此，女同事之间的日常相处总难免有些微妙。黛西说道：

就我个人来说（不适用于所有人），我和女同事之间的关系比男同事紧张多了……我更渴望得到她们的支持，更愿意大声为她们的成就喝彩，但一旦我们发生冲突，我会比任何时候都要痛心。

我们渴望与公司的女同胞建立惺惺相惜的联结，渴望获得真挚的姐妹情谊。无论是对平级的女同事还是女领导，我们都怀有这样的期待，还一厢情愿地以为对方也有同样的意愿，而期待一旦落空，就难免失望寒心。除此之外，很多事情都可能成为冲突的导火索。想做姐妹是一回事，但谁还没点野心？要竞争，要往上爬，要互相追赶，不过这可不是其乐融融的姐妹会做的事，也不是什么淑女行为，不是吗？一旦战斗打响，我们还能相信谁？相信竞争对手吗？可我们不是想做姐妹吗？我们不是想证明，女人凑在一起不是只会互揪头发，还能好好共事吗？

所以我们究竟该怎么做？如果一味压抑对女同事的羡慕、嫉妒和胜负欲，以亲切的姿态半真半假地传授经验，吃喝玩乐，一派和气，美其名曰加深姐妹情、推动女性事业，那么一切还会是老样子，几十年后，我们还会在原地踏步，想不明白为什么女性的处境仍然毫无起色。事实上，貌合神离、表面融洽的姐妹情不会给人幸福感，况且女人实在太会来事儿了！所谓三个女人一台戏，所以说，和男人共事要省事太多了。微博热门话题刷起来：#乘风破浪的姐姐 #披荆斩棘的哥哥。

20+ 的员工和 40+ 的领导

除了女同事之间的羡慕嫉妒，职场上的女性前后辈之间还有种无形的紧绷氛围。

要是二者沟通困难或关系紧张，旁人很容易想当然地认为"呃，这个领导年纪大，新人肯定让她有危机感了。"这种结论固然很草率，有过度简化之嫌，但这种现象在职场上也是家常便饭了，年长的女领导面对年轻又上进的新人下属确实容易产生危机感。*

这不是什么新鲜事，甚至不只发生在女性之间，男性领导同样会忌惮后起之秀。不同的是，年纪大的男性在职场依然吃香，年龄对他们来说没那么重要。要是感到威胁，他们可以毫不掩饰地去争，再不济还能利用权势，给新来的人一个下马威，挫挫他们的锐气。职场上的中年男人可不是没用的老家伙，而是魅力十足的"成熟大叔"，像陈年美酒，越老越迷人。中年发福也没关系，反而会让他们显得更接地气，更平易近人。当然，人们对男性也有要求，这点和女性一样，只不过年龄从不意味着男性职业生涯的终点，他们可不是"吃青春饭的"，看看我的老东家《疯狂汽车秀》（*Top Gear*）的各位成员就知道了。

而女性则会随着年龄变大而"青春不再"，在职场上逐渐边缘化。除非她们能改造细胞代谢，违背自然规律，逆转时空法则，否则存在感只会越来越低。她们努力捯饬自己，只为永葆

---

* 话题比较敏感，难免有点性别歧视和年龄歧视的意思，所以我只能尽可能做到不冒犯……

青春；她们竭尽所能，只为守住在社会和职场中的一席之地。现实是多么令人无力而寒心，对女性又是多么不公平。试想，若此时冒出一个新人，轻易就在公司混得风生水起，信心百倍地认为，不出两三年，她就能爬到你半生苦心经营的高度。这如何不气人？这叫人如何能甘心？而即使资历再老，女性领导也不能像男性一样用职权压人（前提是她们确实有职权），因为这就相当于坐实了社会对她们"扯头发式"的刻板印象。无论年长年轻，女性在职场上你争我抢，就是一桩上不了台面的事。

这也许和女性从小接受的教育有关，她们耳熟能详的童话故事里有太多这样的角色。比如《白雪公主》（*Snow White*）里的恶毒皇后、《灰姑娘》（*Cinderella*）里的恶毒后妈、《睡美人》（*Sleeping Beauty*）里的黑女巫梅尔菲森特、《小美人鱼》（*The Little Mermaid*）中的巫婆厄休拉，甚至还有《绿野仙踪》（*The Wizard of Oz*）里的西魔女。她们被灌输了太多这样的情节：年老色衰的女性嫉妒年轻貌美的女孩，于是不惜一切代价作恶，不达目的誓不罢休。她们会耍手段骗取你的信任，把你关起来，给你灌毒药，夺走你的声音，抢走你的男人，接着（一段跌宕起伏的插曲过后）她们会下狠手要你的命。老女人不可信，她们就是你童话世界中的坏人。

这种印象延续到了职场。也许我们早在同事间的钩心斗角、明枪暗箭中惹了一身腥，却还有一场与年长女领导夺权的恶仗要打。她们就像恶毒的皇后，要来打压甚至踢掉我们。不要在这种"塑料姐妹情"上"向前一步"，我们要奋起反抗。

高管教练兼作家邦妮·马库斯（Bonnie Marcus）曾为《福布斯女性》（*Forbes Women*）撰文写道：

我们期待女性互帮互助，共同成功，但现实未必如此。针对女性的审视越来越苛刻，女性在职场受到不公对待，薪资不平等，晋升机会不平等，这些现象滋生了很多职场阴暗面，激化了女性之间的竞争。女人生来要争，生来要与别的女人争，因为管理层中留给她们的，就只有那么几个位置。[4]

竞争的激烈程度很大程度上受职场环境的影响。25岁的塔拉·简·奥莱利（Tara Jane O'Reilly）供职于世界上最古老的职场之一——英国政界，她在某位议员手下工作。在被问及议会里女性之间的关系时，她告诉我无论党派、地位和年龄，政界里的大部分女性都挺友好，但随着女性在议会中数量上升，也带来了一些问题：

议会里大氛围是好的，但也存在恶性竞争。有的女性一副"天大地大我最大"的气势，好像别人都比不上她，这些女性通常资历比较老。还有些年轻女性以女权主义者自居，但可能自己没意识到，在寻求晋升的路上，她们挤掉了不少女性。

对于"年老的看年轻的不爽，还会有意从中作梗"这套说辞，如果继续听之信之，就永远学不会处理嫉妒情绪，不能保证良性竞争。把所有矛盾归结于嫉妒心作祟，就永远没法弄清问题的根源。职场上的事并不是非黑即白的，很多事都没法简单地定性。

没错，年纪大的女性资历丰富，与职场新人之间有代沟，面对年轻有活力的新人，她们可能会有危机感，会嫉妒，会产生胜负欲，甚至展现出领地意识，但也只是可能，并非绝对。

没错，有时年轻的职场女孩意识不到自己触了别人的逆鳞，有时她们过于急功近利，导致言行欠妥，有时她们会对前辈的成就不以为然，对长者的经验不加尊重，但这也只是有时，并非总是。

那现在这个问题得到充分正视了吗，引发广泛讨论了吗？当然是没有！

那这事儿到底咋整？

我遇到的不少女性领导，也会对我有危机感，那种"你威胁到我了"的潜台词，经常能在工作中感受到。不过我的有些男性领导可能也有同样的危机感，不然也做不出某些一言难尽的操作。

然而，就像不能直接问同事"你是不是嫉妒我？"，当然也不能质问上司"是不是我年轻有才华让你产生了危机感？"（看在上帝的份上，千万别干这种蠢事！）。你要做的是，将前文应对难搞上司的方法活学活用，运用向上管理的技巧，唤醒你的同理心。

也许表面上看，女性领导"感受到了威胁"，但实际上可没那么简单。与领导关系紧张，可能有危机感的原因在，但不能完全归咎于此。毕竟领导也不是什么人设鲜明的迪士尼大反派，每天唯一的任务就是找你的茬儿。*

了解危机感的影响很重要,这让你得以一窥紧张关系下对方的深层心理,给了你理解和共情的空间。光是理解,并不能直接改善你们的关系,也不能给对方洗白,合理化她们的所作所为。但要修复一段关系,理解对方很重要,至少,从理解的角度去看,很多事就没那么不能忍了。

坦诚告诉领导你觉得难受的地方,不要直接揣她"你就是嫉妒,故意打压以防我超过你",而要试着探讨问题的核心,比如可以说"我感受不到来自领导您的支持"或"我很想往上升,但我有种您不太乐意的错觉"。

表达完你的感觉后,想想解决方法。你希望领导怎么做?她当然不可能摇身一变成为另一个人,一夜之间成为你的"粉头",但最起码,可以从小事入手:有什么改变是当下就可以做的?领导可能会认真考虑你的话,甚至会主动询问:"怎样才能让你感受到我的支持和鼓舞呢?"

这时候就要说出早就想好的答案:"能不能对我开展一项为期 6 个月的个人发展计划?您可以提出建设性的反馈,让我明白,要想获得您的认可,或晋升到更高一级岗位,我还需要在哪些方面下功夫。"或者:"如果我的团队在会议上受到质疑和批评,希望您能说个一言半语,表达对我们的支持和信任。"或者:"如果您认为我工作不够专注,耗时太长,太过拖沓,希望您能在单独交流时当面提出来,方便我们达成共识。"

还有可能,你的意见会遭到领导的否认,她会说:"我真的

---

* 其实我还真遇到过这样的领导,不过应该很少吧……

觉得我已经够支持你了，你倒是说说，我怎么不支持了？"这时候你平时留心做的记录就派上用场了。一般来说，说这些的时候最好不要太抠细节，不要一上来就用她某天说过的某句话来压她，但如果她拒不承认，也不要哑口无言，适时举出之前的例子："上次述职评议时，我询问了晋升相关的事宜，您笑笑说我还不够格。我不懂您为什么这么说，我一直以为我的工作达到了您的标准。"或者："上周团队会议上，迈克尔批评我工作进度慢，还说不相信我能按时做完那个项目，结果您也附和他，还对我说'上点心''总之赶紧给我做好'之类的话。"

如果领导摇头摆手否认三连，像泰拉·班克斯（Tyra Banks）那样激情喊口号："我真的有在支持你，我们所有人都很支持你！"或是像我的前领导，在听完我的话之后，冷不丁冒出一句"希望你以后混得比现在好"，那我建议你结束这场对话，用上体面职场人的经典话术："我觉得现在谈不出什么结果，我们还是另找时间吧。"

总的来说，女性要在职场上混出名堂不容易。确实，有些人就是不愿意帮助别人，那么我们何不对自己的缺点负责，理清自己嫉妒的根源，放下对职场姐妹情的期待，自然而真诚地去交往？何不开诚布公地谈论竞争、尽情地良性竞争？何不化嫉妒为动力、公平地一较高下？

不管年纪大小，如何判断自己是否有恶毒皇后的心态？麦迪·阿米蒂奇提出了以下鉴别情绪的方法：

> 假设你的团队中有一个人，各方面都出类拔萃，是明日之星般的人物，所有人都喜欢她，你不断听到

周围人对她的赞美，表达希望和她共事的愿望。问问自己，你会有什么感受？你会引以为豪、认为太棒了，还是感到极大的威胁？如果是后者，也许你需要下点功夫调整这种心态。就我所知，成功的领导者无不非常期待优秀的人才加入他们的团队，无不以高效工作、快乐相处为团队目标，他们乐于见到比自己更出色的人，乐于看到自己"后继有人"，优秀的领导者莫不如此。

嫉妒真的是洪水猛兽吗？

不管你是被别人羡慕嫉妒，还是羡慕嫉妒别人，都不是什么好的体验。这是女人之间一种微妙的反应，在工作场合、日常生活中以及社交媒体上都十分常见。职场上的嫉妒总是暗地里的，嫉妒你的人可能在团队会议上力挺你，表面上对你非常友好，但转头就在背后向同事和上司说你坏话。有时候双方互相嫉妒，亦敌亦友，可能今天还相谈甚欢，明天就不点赞不互动，还刻意隐瞒某个项目的关键信息。有时嫉妒是单方面的，完全是你自己内心的独白。

不过单向还是双向并不重要，因为嫉妒折射出的是我们对自己的看法，而非对他人的看法。

对同事和生活中的其他女性有嫉妒心和竞争欲，应该如何处理，我和心理治疗师凯特·霍根就这个问题聊过。她表示，正视这些情绪很重要,想想对方到底是什么地方让你感到嫉妒,只有弄清这个问题,我们才能明确自己想要的是什么,毕竟嫉妒本身就标志着,对于别人拥有的某些东西,你内心有着强烈的渴望。为什么你会嫉妒她?你要怎么做才能不嫉妒?

那如果你觉得别人在嫉妒你,又当如何?凯特表示,先别急着下结论:

> 这要看你是不是很容易受到他人的影响。如果能认识到"这是别人的事,与我无关",那最好不过。但很多人没这么心大想得开,又不能自己揣测,直接去质问人家"嘿,我说你是不是嫉妒我?",那不妨适时提一嘴,察觉到别人有点嫉妒时,状似无意地问一句:"嘿,感觉你不太开心呀,怎么了?发生什么事了?"总之不要先入为主,先给别人扣上嫉妒你的帽子。

这些建议,与第一章中有些应付上司的做法不谋而合:要怀着同理心和好奇心,去了解事情背后的情绪,不要主观揣测。听起来辛苦又麻烦,毕竟最方便的做法就是直接给人贴上嫉妒的标签:"销售部的那个路易斯绝对是嫉妒我,看我不爽!"但凯特是对的,嫉妒源于自我审视,而人的自我审视从未停止。

维夫·格罗斯科普对此表示同意,她说嫉妒反映出我们内心深处的不安全感和自我怀疑,所以处理好这种情绪十分重要。她说:

> 需要的话,可以试试每天写感恩日记,记录下大小成就,以此提醒自己"你也很厉害,没准别人更羡慕

你呢，没必要非拿自己和别人比"。事实上，如果我们有机会深入了解自己羡慕的人，就会发现她身上也有不那么值得羡慕的一面。就像那句老话说的，"做个善良的人吧，因为每个人都在和生活打着一场不为人知的恶仗。"

当你又妒火中烧，切记一点：你看到的不过是表面，并非全貌。黛西·布坎南与维夫所见略同，那些令你眼红的光鲜靓丽之下，或许有你未曾窥见的一面，理解了这一点，嫉妒情绪可能就没那么难以消化了。黛西坦言，她自己也曾饱受嫉妒折磨——不是嫉妒别人家庭美满、儿女绕膝的天伦之乐，也不是嫉妒别人买得起烧钱的豪宅，而是嫉妒别人事业上一路过关斩将、青云直上的辉煌。

她的一个朋友最近在工作上成绩颇丰。作为密友，黛西见证了朋友为之付出的努力，朋友"经年累月地专注投入，熬过低谷，忍过绝望"，才取得了今天的成就。个中辛酸与挣扎，朋友默默承受，没有发在社交媒体上，所以外人根本看不到她吃了多少苦才走到这一步，谈起她的成就也都是一副惊奇艳羡的口吻，仿佛无比辉煌。"这让我意识到，如果不是亲眼见证了个中辛苦，我肯定也会沉浸在嫉妒和不安的情绪中。"

黛西说，重要的是，她还学会了感受嫉妒情绪下，内心深处涌动的欲望，学会了把那一阵阵不甘的情绪，转化为个人的突破："我曾经因为没人请我去做播客，生了很久的闷气。后来我发现自己真蠢，我完全可以自己开一个播客啊！"[她确实开了，名叫"You're Booked"，采访了大卫·尼科尔斯（David

Nicholls），心理治疗师菲莉帕·佩里（Philippa Perry）等一众名人。]

这种对自己负面情绪负责的态度，我非常欣赏。感受你的情绪，以及最重要的一点——行动起来。你会嫉妒别人，这说明了什么问题，了解了这一点以后，想办法去解决问题。整理好情绪，才能停止浪费更多宝贵的精力在这个同事那个同事身上。这个世界上优秀的人到处都是，根本嫉妒不过来。既然这样，如何才能做到专注自身、保持自信呢？心理咨询？感恩日记？举重？写日记？还是像黛西那样，自己迈出那一步去尝试，而不是在原地气得跳脚，眼红别人的播客人气火爆？

无论选择哪种方式，下次哪位美女秀身材的 Ins 惹得你满腔妒火时，你内心的那种笃定和自信也许就会发挥作用，让你放下手机，静心思考：我的身材也不错呀，就是最近有点疏于锻炼了，这个博主这周要做第十三次普拉提，晚上还自己动手做蔬菜千层意面！我也可以在家跟着视频课练瑜伽让自己感觉好一点，晚上先不吃奶酪了，改吃蔬菜。

工作上，假如有个同事展示了你们俩一起想出来的方案，却故意不加上你的名字，那股子笃定和自信会让你忍住炸毛的冲动，大口深呼吸（见前文高难度谈话的艺术），然后平和地对她说："嘿，苏，你今天的 PPT 演讲做得真棒，上周和你一起工作很开心，不过我觉得这个方案是我俩共同努力的成果，我们同样都出了力，所以想问一下为什么没有加上我的名字，也完全没提到我有参与呢？"

已经开始尴尬了吗？已经开始难受了吗？是啊，你本可以跷着腿，把那条秀健身的 Instagram 截图发给好朋友，附上一个白眼表情以示吐槽，谁想吃什么蔬菜、练什么瑜伽呢？你本可以怒敲键盘，跟走得近的同事激情控诉苏的恶行，谁想憋着一肚子气和她多说一句话呢？没人想！人生真的好难！

但是，吃蔬菜和练瑜伽会给你带来什么感受呢？也许很累，但感觉更健康。和苏谈话会有什么感受呢？也许手心有点冒汗，但说完后肯定没那么憋屈，甚至可能释然了。

然而，再现实点，练瑜伽可能让你拉伤肌肉，苏可能会反过来撑你，一口咬定自己投入的心血更多，拒绝承认你的付出，结果和她吵完你更生气了。但至少，你和她谈过，至少你试过为自己争取，至少你开始尝试着去解决问题，认真思考下一步。

我们就是一群嫉妒心重、胜负欲强的魔鬼，但那又怎样？

我们时常发现自己陷入嫉妒的深渊，但也无可厚非，关键在于我们怎么去应对。我曾经抱着要好好放松的心态去度假，打定主意不工作，却在刷社交媒体时，再度被焦虑和压力裹挟。一闲下来，我就忍不住和简比较，忍不住去猜想那些我视为对手的人当下在做什么。那种焦虑压得我喘不过气，与其说像开水沸腾般翻滚不止，不如说是一种漫长、无尽的煎熬，就这样沉沉堆在胸口，积压不畅。

随着时间的推移，再加上很多因素的影响，那种焦虑感渐渐平息。总结过去十多年的长进，为防止自己因疯狂的嫉妒而失控，我做了以下几件事：

1. 不再一门心思和社交媒体上光鲜亮丽、让我自惭形秽的人做朋友。
2. 如果有人让我觉得自卑，我不再无视，因为我极度渴望被他们喜欢。
3. 不让自己因为嫉妒而过分关注某个人，暗地里和她比较。
4. 如果我和我嫉妒的人之间存在工作关系，或者交情尚可，不好直接取关，我会屏蔽掉她的动态。（强烈推荐屏蔽功能！）
5. 通过改变现状来改变心态：在我嫉妒别人的地方拼命努力，拼事业、培养爱好、锻炼身材。
6. 做让自己享受的事，比如阅读、追剧、练瑜伽。
7. 做自己喜欢且能带来满足感的工作（说起来容易做起来难）。
8. 承认自己的嫉妒心。
9. 向信任的人倾诉自己的嫉妒情绪。

要处理好工作中的嫉妒情绪，就要关注生活中类似的情况：有意无意炫耀的嫂子；接送小孩的时髦妈妈；优秀的好友，在她面前你的进步总是显得不够看；学生时期的旧友，你会在社交平台上偷窥她的动态，却没有关注，还觉得她有点讨厌。这些人会让你产生怎样的情绪？

我并没有彻底摆脱嫉妒心和小心眼，只是有了新的认识。我把精力更多花在思考自己对生活的追求上，思考为什么自己总是会嫉妒某些人，一看到她们，那种熟悉的焦虑感就卷土重来。坦然直面这些不太好的情绪之后，你会感到前所未有的自由和解脱。不要在心里给自己找竞争对手了，相信我，这真的很浪费时间。

和2009年那阵子不同的是，这几年我已经很少想起简了，偶尔想起，也只是后悔当初没和她好好谈谈。我不再生她的气，也不再想要赢过她，我们都有了各自的生活。我不知道当年她抄袭我的创意时，经历过怎样的挣扎，有过怎样的苦衷，但我相信，她一定也不好受。

我们永远不知道别人生活的背后是什么，正因如此，才更要记得，嫉妒关乎的是自己，而不是别人。

第三章

鱼和熊掌
如何做到事业健康两不误

如何在工作的时候不发疯

写这个话题的初衷,其实是想满足自己的求知欲。这个问题,我希望能为自己找到答案。

如何做到事业健康两不误?这是个大话题,我一直以来也非常关注,不仅为我自己,更为了广大社畜。在稳定的工作岗位上小有所成,同时过得开心快乐,这可能实现吗?想要事业有成,就必须牺牲个人生活吗?我们能不能在职场上做真实的自己?心之所向和生活所迫,二者一定不可兼得吗?

最初调查这些问题时,我聚焦的是那些事业健康两不误的人,她们很好地平衡了工作和生活,既在职场上升级打怪,又保持着良好的身心状态,我认为她们一定有很多心得和诀窍可以分享。

但说实话,我发现很多受访对象经历的挣扎不比我少(没有任何不尊重她们的意思)。有的人刚从繁重工作中喘得一口气,还在调整恢复中,从前的经历给她们上了一课,她们开始试着摸索自己的工作节奏。还有很多人毅然跳槽,选择更合适的工作岗位。她们和我一样,都在职场中学到了血泪教训,试着探索工作与生活、清醒与疯魔的边界。许多人对自己过于严苛,责怪自己功不成名不就,焦虑自己迟迟没有突破,年纪轻轻就把自己逼得很累。然而他们没有意识到,自己所做的,已经是当前情况下可能做到的最好结果了。任 The Pool 主编期间,我总是把一句话挂在嘴边:"我们能做的,就是尽力而为。"有时是为鼓励员工,有时是为维护团队,还有时是遇到糟心事时安慰自己。杂志办不下去的那阵子，我也说过这句话，眼里含着泪水。

我当然知道，工作压力对每个人来说都是一座大山，不分性别。然而对少数群体来说，工作压力还来源于很多别的因素。同样，如果将种族因素考虑在内，全球的男女薪资水平差距会更加明显。考虑的因素越多，工作压力的成因越复杂。因此，如果你像我一样，外表接近白人，但实际上是黑白混血，你在职场上的压力可能会与跨性别群体、有色人种、女同和残疾人士相似，但又有所不同。就像莫拉·奇克斯（Maura Cheeks）在Lenny Letter 网站上写的[1]："黑人女性在职场战战兢兢如履薄冰，要消化个人情绪，接受他人看法，还得避免让别人感到不自在。"

"向前一步"（Lean In）组织（该团队致力于维护女性职场权益）的调查显示，与其他女性群体相比，黑人女性和残障女性获得的领导支持更少，金钱资助也更少。[2] 再加上她们日常面对的各种歧视、明里暗里的不公对待，不难想见，这些群体的女性一定承受着更大的压力，心理健康状态也更差。这不是说其他群体就没有压力，只是每个人的经历都未必相同，每个人的压力程度也不尽相同，背后都各自有着具体的现实原因。

本书受访者都有一个共同点，都为了"做得更好"挑战过极限，为了做到出类拔萃，舍弃了其他一切生活。就像《老友记》（Friends）里"越线的钱德勒"那集，乔伊对钱德勒说："你超出平均线太远了，你完全不知道平均水准是怎么样的，那条线对你来说已经只剩一个点了！"许多女性在职场上就是如此。我们内心衡量成就的标准已经失灵了，只会一股脑往前冲，攻克一个又一个里程碑,最后反而与它们全部失之交臂。

为了往前冲而过度工作,会导致一系列身心问题,疲劳、压力、焦虑、抑郁、消化不良、爆痘、肌肉酸痛、用眼过度,还会经常崩溃哭泣。

这些症状结合起来,就是现在所说的"劳累过度"(burnout)。许多文章讲过劳累过度的症状,但我认为应该更多关注其成因,关注如何预防,如何修复,不要仅仅停留在比惨和吐槽职场奇葩事的层面。

本章将探讨劳累过度的表现、其背后的成因,以及如何平衡工作与生活,不让其有可乘之机。读者朋友们不妨借此机会,想想自己对成功的看法来自何处,回顾自己职场观的形成过程。而归根结底,本章是对一个问题的终极探索:既不用劳累过度,又能取得成功,这有可能吗?我真希望答案是肯定的。

劳累过度与性向一样,也分人

"劳累过度"的概念并不新鲜,但近年来却越来越火,使用频率极高。还有一些其他的词也可以表示过劳的症状,比如精疲力竭、压力过大、焦虑症,甚至是抑郁症(虽然未必准确)。在世界卫生组织颁布的《国际疾病分类》中,劳累过度被归为一种"职业现象"[3](但是不属于医学疾病)。其定义是由于"长期未能合理疏导工作压力"而导致的综合征,会令人感到精力不足,还会消磨工作热情,降低工作效率。

不过，和其他心理问题一样，上述症状未必会一股脑出现，不同人劳累过度的表现不尽相同。因此，劳累过度也要看具体情况。

被问到是否有过劳累过度时，爱丁堡国际艺术节的营销总监蒂娜·威尔士伯格（Tina Walsberger）回答："我也搞不清楚怎样算是劳累过度。精疲力尽的时候，也会忍不住想，这就是过度劳累吗？"她知道每个人的症状不同，但还是觉得自己的状态和常见的症状不太一样：

> 我能维持正常工作，但就是感觉很累，身心俱疲，有时是精神上的疲惫，找不到工作和生活的意义。我在各种意义上都累到透支了，但又没到影响正常工作的程度。

这是个很典型的例子，说明不是每个人劳累过度的表现都一样，也不是每个人都愿意给自己贴上过度劳累的标签。有的人只表现出了部分症状，哪怕同样自称劳累过度的人，具体表现也会各有不同。

塔拉·简·奥莱利是一名议员的手下，她描述的症状和蒂娜有点相似，但又有不同。劳累的症状开始于 2019 年夏天，那段时间议会特别忙，时任首相特蕾莎·梅（Theresa May）和其他议员已经为脱欧连轴转了半年，完全挤不出时间喘口气。英国议会上下有一种氛围，一旦放假休息，官员就会产生负罪感，认为自己不应该停下来，不应该花这个时间补充能量，而应该"为国家服务"。然而夏季休会一到，塔拉原本满格的工作状态一夜之间消失，长期超额工作后骤然放松，直接导致了她心理的崩溃：

> 我就是受不了，完全没法承受这么突然的转变。那种感觉就好像一下子被推下悬崖，整个人都崩溃了，每天都处在焦虑中，恶心呕吐，疯狂掉秤，肠易激综合征复发，还得了胃炎。最后我去看了一个很不错的心理医生，重新开始服用抗抑郁药物。不过，这一切都是因为我没法适应生活方式的骤变，本来每天都要见各种各样的人、为议员工作、和同事相处、和记者沟通……然后突然有一天无事可做了。这让我意识到自己过去的工作强度有多么大，已经接近极限了。

面对不同程度的压力和疲劳，身体会有不同的反应，处理方式和抗压能力也因人而异。

有些人表面上还能正常工作，但是焦虑水平和疲惫程度可能已经超过红线，他们也许正在内心无声地尖叫，肠胃阵阵绞痛，饱受失眠困扰。同样，有些人可能心力交瘁到无法工作，甚至没法好好吃饭，但这并不代表他们更"脆弱"，或更"容易疲劳"。假如 20 分钟前刚经历过一波焦虑症发作，谁能在周例会上表现自如？这要是一场演技大赏，没人能获得最佳表演奖。劳累过度的杀伤力就是这么大，所有人都只会是输家。因此，我们不该追求过劳，不该把它当成工作的目标，不该用它来衡量成功，更不应该将它视为努力和野心的代名词。

事实上，过劳现象更多来自畸形的工作体系、要求随时待命的企业文化、艰巨的工作任务，来自无序的工作管理，以及人性化关怀的缺失，不管是对身体、心理还是情感。对此，我们既不应逆来顺受,也不应视而不见。

女强人崇拜

我们的文化中,处处可见过劳现象的痕迹。艺术家穷困潦倒,而企业家却荣光加身,特别是那些年轻气盛、只知道工作的创业者。女性领导则在 Instagram 上立工作狂人设,说 12 月了才意识到自己"这一整年只放了两天不到的假",或者"8 个月以来第一个周假"。有人询问近况,她们的标准答案必定是"实在太忙了"。她们总说自己多久没休假了,好像想让人惊叹她们的努力,但我却不觉得这是什么值得骄傲的事,也不觉得把自己整得身心俱疲就叫励志、有野心。我不觉得这是什么霸气女强人,相反,我觉得她们混淆了工作与生活的边界,对此不敢苟同。

网络上流传着不少职场女强人的励志语录,以下版本或许更符合她们真实的工作状态和理念:

- 一周 7 天,一天 24 小时,别让自己过得太轻松。
- 因为焦虑拉肚子简直是家常便饭。
- 不给自己设限(也不给工作和生活设边界!身体健康更是完全不当回事!)
- 父母想让你嫁个高管?成为那个高管……如果志不在此,完全没问题,去做任何你想做的事。
- 你和碧昂丝一样,一天都有 24 个小时,但她有钱，有强大的支持，而你什么都没有，却还在和名人做着不切实际的比较。

　　·说得好像领导（或领导助理）会尊重你的个人时间一样。

　　·首先要保证团队的心理安全（而不只是咖啡自由）。

　　这些话可能不会出现在精致的海报横幅上，也不会印在贵得离谱的日程本上，但至少是实实在在的干货。

　　从前在社交媒体上看到别人签售会排得满满当当，整天到处出差，辗转于全球各地的分公司，一个接一个地开会，我会产生强烈的嫉妒和胜负欲。我也想赶场子工作，凌晨四点半搭优步（Uber）赶去机场，戴着墨镜，提着咖啡，在车上发一条动态，表面吐槽辛苦，实则暗暗显摆。我也想和大老板们自拍，听他们说自己一向"工作的时候拼命工作，玩的时候尽情玩"。我也想受邀去Soho农舍，晒出身穿赞助礼服的照片（话题：#品牌赞助礼服、#品牌赞助游），附上长篇小作文，讲述自己如何为某个项目"一个月没怎么休息"，"感到既疲惫又充实"，这个项目还得"保密"。

　　但现在我看到这些内容，只觉得没意思，而且为这些人感到辛苦。有时这类动态确实很烦人，因为大部分都不真实、没营养，根本没什么好羡慕的。一边大呼焦虑压力大，一边又晒出在荷兰音乐馆端着鸡尾酒的照片，行吧，您开心就好，可真是"人间真实"啊（热门话题#那些引人共鸣的时刻）。

　　没必要把日子过得乱七八糟，一有负面情绪就在社交媒体上昭告天下,没必要学年轻人"网抑云",浮夸造作直呼成年人的世界好难,"今天不想当成年人"。这些其实都很假,很刻意,而且过分简化了真正的问题。每一代成年人面临的现实挣扎都不同,对我们这代人来说,真正的问题不是懒惰散漫、敏感脆弱,这也算不上什么缺陷,本质上是文化问题。

疫情大背景下,崇尚过劳和追求高产的文化暴露无遗。很多人认为,这不叫居家办公,而是被疫情困在家中,还努力地要坚持工作。人们不再把拼命工作挂在嘴边,说得最多的是"照顾好自己、注意防护、好好休息",还有"整天除了哭就是干吃番茄酱?穿着连体睡衣,头发也懒得洗?没什么大不了的"。这些话都没错,但随着居家隔离的时间越来越长,鼓动休息停工之类的表情包、图片和流行语也越来越多。打开社交平台,到处流露出"现在是疫情期间,我们可以不用工作!我们可以躺平摆烂!我们可以胡思乱想!"的氛围。

因为疫情,我们好像获得了某种许可,可以长胖,可以陷入心理问题,可以感到孤独,可以工作摸鱼。而这又隐含一种暗示,好像只有在疫情期间,这些事才能被允许。那如果没有这个疫情呢?为什么没有疫情的时候,我们就必须时刻保持高效?为什么人明明有情绪(却要打碎了牙往肚子里咽),为什么连最正常的休息娱乐,都需要疫情来做借口?

更诡异的是,随着有关隔离防护的表情包、文章、图片、读书俱乐部、播客和线上会议大量涌现,我们终于意识到了不对。等等,不是说我应该休息吗?那别人怎么还在做那么多事?那些努力内卷的女强人可没有泯然于疫情防控的大潮中,也没有屈服于居家隔离的低效状态,只不过换了一身行头。她们一周读三本书，在网上分享自己写的诗；她们自己做曲奇，无蛋无糖无面粉，但看着还是很香；她们参加半马，为英国医疗基金募捐，谁让她们中有人是上尉托马斯·穆尔爵士（Captain Sir Tom）的二代表亲呢？她们还在社交平台上开设冥想直播课、做播客、发视频、做推送，组织社群活动。她们告诉你躺平摆烂没关系，但自己却过得有滋有味，永远在产出，永远保持着创新的活力。可去他的疫情吧！

隔离时有所产出固然是好事，但到底是为了真正帮助有需要的人，还是只为了保持曝光度、满足虚荣心，不让自己在社交媒体时代落伍，二者是有本质区别的。

2020年初，疫情尚未全面暴发，一切还是老样子，英国广告标准管理局禁止了零工平台People Per Hour的广告，认为其宣扬性别刻板印象。[4] 广告上是一名面带微笑的女性，旁边写着："只管当你的女孩老板，高级行政官的事我们来做。"该公司随后道歉，承认该广告"可能会被解读为性别歧视以及蔑视女性"，并称其已采取行动将女性字眼从中删除。

"女孩老板"（girlboss）这个词出圈，始于时尚品牌坏女孩（Nasty Gal）创始人索菲亚·阿姆鲁索（Sophia Amoruso）2014年出版的职场回忆录《女孩老板》（#GIRLBOSS）。谢丽尔·桑德伯格创立的"向前一步"组织在2014年发起"反领导做派运动"[5]（'Ban Bossy'campaign），进一步宣扬"女性老板"的形象。宣传视频中，碧昂丝自信宣言："我不摆领导做派，我就是领导。"尽管在是否应用"领导做派"来形容女性这一问题上，桑德伯格和阿姆鲁索有分歧[6]，但"女孩老板"及其衍生出的各类词汇早就在年轻的女权主义群体中流行已久。

第三章　鱼和熊掌　如何做到事业健康两不误

大约2005年至2009年，许多文具、水瓶、T恤、笔记本电脑贴纸都印着女性主义标语，意在宣扬女权，其中不乏"领导"这样的字眼。当然，现实中也有可喜的现象。2017年美国运通（American Express）研究表明，过去11年间，年营收超过100万美元、且由女性创立的企业数量增加了近50%。[7]值得注意的是，如果消费品能体现年轻女性不断进取、大展宏图的理念，往往会更受青睐，这类消费（当然本质上还是资本主义）很大程度上催生了"女孩老板"的文化现象。全球有无数受众为职场女性的社交媒体账号和网络社区，它们分享励志言论、赞助女权活动、联名出品女权主题的笔记本，制订宣传女权的方案，不同平台之间还会共享信息和资源。除此之外，大量女性工作俱乐部涌现，非常适合晒在社交平台上，许多人认为，这些俱乐部有助于推动女老板的公司发展，但也有不少人觉得，这些俱乐部表面上兼容并包，致力于为女性赋权[8]——实际上多以企业为单位，仅为少数特权阶级的女权主义者服务。

记者薇姬·斯普拉特（Vicky Spratt）2020年1月为网站Refinery29撰稿，文章名为《让我们在2020年永远摆脱"女孩老板"文化》（*Let 2020 be the Year We Get Rid of Girlboss Culture for Good*）。[9]她在文中指出，所谓"女孩老板"，刻意使职场女性显得年轻化，弱化了她们的工作能力，"压低了女性地位，动摇了女领导的权威"。她还强调，正是因为社会忌惮女性力量崛起，才刻意用"女孩老板"这个概念来掩饰锋芒，为女权主义披上柔和光鲜的外衣。凭借着年轻化的色彩和新鲜有趣的名称，"女孩老板"文化打造出柔和甚至有点傻气的女强人形象，以此提高其接受度。读这篇文章时，我马上想起几周之前在伦敦KoKo俱乐部外墙上看到的巨幅广告，来自金融服务公司 Klarna（这家公司的标语是"花明天的钱，圆今天的梦"）。广告的配色和阿姆鲁索书的封面一样，上面大写加粗地印着"像大老板那样消费，就在快时尚品牌 ASOS"。我把这则广告拍下来发到了社交媒体上，配文"我讨厌这种话"。为花期短暂的快时尚买单，甚至为此背上债务，并不代表就能"像大老板"。[10] 巧的是，发这条动态后没几个小时，那幅广告就在俱乐部火灾中烧毁了（谢天谢地没有人员伤亡，以及，不是我放的火）。[11]

在"女孩老板"或"太太老板"文化达到顶峰之时，出现了一个关键转折点，暴露出其背后的深层文化现象，也导致这场讨论发生了重大变化。2019 年 1 月，记者安娜·海伦·皮特森（Anne Helen Peterson）把"劳累过度"（burnout）这个词带入大众视野，许多人第一次知道了其具体含义。在发表在网站 BuzzFeed 的一篇名为《80 后是如何成为过劳一代的》（*How Millennials Became the Burnout Generation*）文章[12]中，皮特森写道，她会拖延甚至回避一些日常琐事，连抽时间去一趟邮局都会觉得有负罪感，因为这些活动看似简单，却对她的工作没有实质性帮助，某种意义上来说是浪费时间。她认为这就是劳累过度的一种表现。从小到大，周围的人和事都在潜移默化地告诉她"必须把所有时间用在工作上"，如今这种想法已经根深蒂固，也不可避免地造成了她的过劳状态。她进一步指出，女性，尤其是有子女的女性，下班后还有"第二份工"要做，是体力和情绪的双重消耗。80 后的现状，是当代"秒回文化"的产物，企业只要求员工随叫随到、一刻不停地工作，而无视员工的努力和成绩，不把这些当一回事。如此一来，员工的精神负荷大大加重，其代价，往往是野心在经年累月的疲惫中消磨殆尽。

绝经和躺平，何者先来？

"劳累过度"火起来之前的一年半，我还在谷歌工作，每天都在默默崩溃，朋友凯特发给我一篇 The Cut 网站上的文章，作者是丽萨·米勒（Lisa Miller），题目叫《野心冲突》（*The Ambition Collision*）[13]。文章第一句话是："周围 30 多岁的人已经开始中年危机了，这是怎么回事？"我身边同龄的同事和朋友都有类似经历，但那是我第一次读到关于这种感受的描述，直击我们这代职场人当下所处的阶段。从小到大，我们被灌输的观念都是只要努力下决心，一切皆有可能；我们的童年回忆是辣妹合唱团（Spice Girls）的"女孩力量"（girl power）；青年时期，伴随我们的是碧昂丝的《完美女性》（*Flawless*）的旋律，米勒称其"鼓舞女性争取权益，永不屈服"。然而许多和我年纪相仿的女性，在职场摸爬滚打五年十年之后，突然就没了干劲。许多人开始感到虚无、麻木，却说不清是什么问题。不仅仅是压力或焦虑，而是二者结合以及其他的很多情绪，让我们越来越觉得身心俱疲，由内而外地疲惫，让我们忍不住想"放弃这一切，搬到海滨小村落，卖卖首饰和环保肥皂就能交上房租，还能领养五条搜救犬"。

即使许多人觉得自己"算不上过劳"，我们对那种想要按下暂停键、想要逃离一切的感觉也并不陌生。诚然，我们野心勃勃，干劲十足，渴望升职、加薪、功成名就，为此不惜咽下无数糟心事，不断挑战身心极限，强迫自己"更高、更快、更强"。结果，比起为了升职把自己累得像条狗，停下来休息一会儿——休息个十年八载的愿望突然变得无比诱人。什么雄心壮志，竟是如此不堪一击，这真的叫人郁闷。

我提到的两篇文章间隔18个月，且作者都是在纽约出版社工作的女性，可谓直击西方各行各业年轻女性的痛点。而米勒和皮特森描述的这种过劳感并未随着两篇文章的发表而消失，反而愈演愈烈。

2015年，米勒文章发表之前的两年，贝恩咨询公司（Bain & Company）已经有调查表明，不少公司的年轻女员工进入职场后仅仅两年，就开始丧失斗志，到职业生涯中期，要拼出一番事业的雄心和信心更是消磨殆尽，但同期的男性员工却不会出现这种情况。[14] 2018年，美国开展"总评估"，核查了48项针对焦虑的研究，发现年轻女性的焦虑现象正逐年加重，而主要原因就是工作。[15] 蒙特利尔大学的研究表明，比起男性，女性更容易陷入过劳状态，主要是因为身处低级岗位，决策权和话语权低下，施展才能的空间受限，导致压力大，身心受到一定影响。[16] 怎么样，是不是听起来很熟悉？

我今天之所以写这本书，之所以迫切地想要寻求一个答案，正是为这样经年累月的压力和劳累所迫。我不想大家最终只剩下两个选择，要么辞职做家庭主妇，要么去巴厘岛休假8个月，每天在海边练瑜伽，然后决定以在Etsy上卖手工陶器为生。*

---

* 无意冒犯手工艺者以及Etsy的手工制品卖家。你们比我有才多了，所以我才觉得这件事如此高深。

我最近在一本女性杂志上读到一篇文章（好巧不巧是在做头发的时候读的，也算经典场面了），讲述了一位女性的职业生涯，乍一看和我有点像，但却要有趣得多。她一路青云直上，当然，随之而来的还有焦虑症的折磨，由于压力过大，长期处于疲劳状态，还有无休无止的应酬和吃不完的降压药。出现劳累过度症状后，她决定来场说走就走的旅行，然后从头开始，当个心理医师。她说现在她对工作只有"低追求"、"慢追求"和"静追求"，也就是说，这种慢节奏的生活令她产生了一种另类的"野心"，完全不同于从前那种状态，为了实现目标只能牺牲健康，养成了一大堆不良的生活习惯。

必须承认，我很羡慕这个故事的主人公，我羡慕她有资本也有条件说不干就不干。她不是被公司解雇，没有失业，而是自己选择抽身而退。不管是长途旅行，还是在陌生的领域从零开始，都耗时又耗钱。如果你能负担得起这些成本，那可太棒了，你就是幸运的天选之子！我嫉妒她的财务自由能够支持她选择这条路（当然第二章说过了，嫉妒是我的锅，与她无关）。但我不同意她关于另类"野心"的说法，因为关键不在于追求高还是低、节奏快还是慢，也不在于要不要为了逃避这一切，躲到某片海边。

有追求并没有错，野心就是野心，没必要试图去重塑它，需要改变的是我们。

正如劳累过度的症状因人而异，每个人心中对成功的定义也各有不同，我们要接受这个事实。作为个体，每个人都有自己的野心，每个人对野心的价值都有自己的评估，每个人都有权决定，为了实现那个野心，他们愿意付出多少。

成功就是升职加薪吗？还是既有满意的工作、充足的薪水，又有充实的个人生活？虽然有点老生常谈，但在人生旅途中，质量不是远比目的地来得重要吗？哈佛大学心理学家泰勒·本－沙哈尔（Tal Ben-Shahar）提出了"抵达谬误"（arrival fallacy）的概念，形容那种以为实现某种目标，就会永远幸福快乐的想法。是不是感觉说的就是你？因此，调节自己的目标、明确努力的动力才如此重要。这部分我们会在第七章详谈，但目标应该是人生旅程中的引路灯和指南针，而不是某个终点，让人不问缘由，只知盲目冲刺。

说到这里，我发现我们的假期本可以不用这么折腾。为什么要把日子过得这么紧凑？为什么假期一到，就要收拾东西冲向机场，上气不接下气地排队安检等候登机，好不容易可以在飞行途中稍微喘口气，一落地又立马回到紧绷状态，急急忙忙往宾馆赶，生怕不能按时办入住；等到终于可以彻底放松，"好好享受"假期时，也不过就是花上三天，体验一把早餐自助，学会了怎么用当地话说"请""谢谢""晚安"？

是的，压力过大时需要放松，收拾行囊上路，制订出游计划，这些都没错，但真的有必要花上这么多时间把自己整得像便秘一样痛苦吗？一定要把每一天都挤得满满当当吗？这到底有什么意义？

不过，先不说这样能不能帮我们"满血复活"，也不说其实只要伸个懒腰就能有效缓解疲劳，先弄明白为什么扎堆度假如此普遍。社会氛围、公司环境和有病的领导，这些都先放一边，当然他们肯定难辞其咎，但最重要的原因，还是你内心那种根深蒂固的观念，总觉得不把自己折腾个半死，就不能有所"成就"。是什么造成且深化了这种观念？这会对你产生什么影响？你的野心到底从何而来？

是什么让我们对工作如此拼命？为什么我们会让自己劳累过度？

其实很多人的过度劳累都是自己造成的，至于原因，可以追溯到童年时期。这不是在对你进行精神分析，只是人的工作状态（平衡、失衡或过劳），很大程度上受到其观念的影响，包括对工作和成功的看法，以及对自尊和自我价值的认知。

有些情况下，我们之所以如此卖命工作，是出于童年时期的梦想。伦敦的凯拉今年35岁，她从小梦想成为一名野生动物节目的制片人，大学时也选择了动物生物学专业，在社交媒体和视频刚刚兴起时，她就已经是小有名气的红人。随后，BBC在布里斯托的自然历史分部看中了她的专业知识，向她抛出橄榄枝。对她而言，这本是多年梦想得偿所愿，但这段工作经历却给她带来了难以忍受的痛苦，最终使得她"真正崩溃"。出于很多原因，凯拉不适合这份工作，主要还是因为人们对新技术抱有恐惧和怀疑，而凯拉的工作正是推进动物观察领域的技术变革。另外，她远离家乡，住在"十来个人的房间里"，情绪也日渐低落：

我去看医生，他们问："你是否感到压力过大？"
我当时就哭了，那一刻我才意识到："天啊，我没准真是！天啊！"在这之前我都不觉得心理健康与工作有什么关系，因为我只会告诉自己，坚持住，做该做的事，别让自己闲下来，抓住这个难得的机会。

为了缓解这种压力，凯拉用遍了她能想到的所有方法，一年之后，她选择了离职。这意味着她亲手葬送了童年时期的梦想，那造就了她大半生的梦想，那影响她人生重大选择的梦想。她无比心痛，万分难过，但她不得不放弃。

一定有不少人像凯拉这样，出于儿时执念而拼命工作，好像那已经成为身份认同的一部分，但实际上，童年梦想已经太过遥远，我们也早已不是当年的自己。还有一些情况是我们小时候看到父母卖力工作，影响了长大后自己对工作的看法。

伦敦的米兰达刚40岁出头，从事科技行业，由于父亲是个工作狂，又总看不惯母亲当家庭主妇，她长大后的工作状态也受到影响。"我热爱我的工作，我对它满怀热情，而这正是问题所在。"她告诉我：

> 我爸爸热爱工作，什么事都以工作为中心，我在这样的环境下长大，既获益匪浅，也深受其害。如果我现在打电话给他询问近况，他一定会先讲工作上的事，哪怕他现在已经65岁了。我还有个郁郁寡欢的妈妈，她是个家庭主妇，但这并非她所愿，不过是别无选择的无奈之举。家庭带来的影响，一直伴随着我的人生。

33岁的露西来自伯明翰，也有一个工作狂父亲：

我父亲是一位外科医生，我在很小的时候就知道，他对自己的工作有着非常严格的要求。受他影响，我能在短时间内完成许多任务，实现效率最大化，但这也养成了我无比严谨的性格。要是别人觉得我没有做好，或是不够努力，我就会忧心焦虑。

但有时，父母对我们工作的影响不像米兰达和露西那样简单明了。那是整套复杂的价值体系，根深蒂固却又不受控制。调查过程中我遇到了弗吉尼娅（Virginia），精神科医生已经将她诊断为"工作成瘾"，并要求她加入"匿名工作狂协会"（Workaholics Anonymous）。尽管这个组织听起来像是虚构的，却是百分百真实存在的。该组织成立于1983年，参照"匿名戒酒会"（Alcoholics Anonymous）的结构，为成员提供十二步的康复方案，定期召开组会，分发康复手册。

确诊前，弗吉尼娅常常超负荷工作。她出生于单亲家庭，贫穷和虐待充斥着她的成长，为了逃避这些，她常常"忘我地沉浸在学校"。她并不喜欢学校，但学习和完成课业带来的成就感让她着迷。虽然家里鸡飞狗跳，但她有一个非常上进的母亲，母亲虽然身体不好，但一边做清洁工，一边攻读开放大学的学位，不辞辛劳地为孩子们提供更好的生活条件。在弗吉尼娅很小的时候，学习和工作就能给她带来安全感，满足她的自尊心，三者之间形成了稳固的联结，进而成为一个恶性循环。拼命学习带给她的好处越多，这种联结就越得到强化。

到她16岁那年，弗吉尼娅说她"简直像要拿100张普通中等教育证书一样"，参加了三个管弦乐团，还是伦敦一家芭蕾舞团的成员,即使那里距离她的住处有整整 300 英里(约 483 千米)远。"周五放学后我会搭卧铺列车去伦敦,在舞团排练、演出,周日晚上再搭卧铺列车回家做作业,做完直接去学校。我还在学校排的《罗密欧与朱丽叶》话剧里面演朱丽叶,我那会儿简直疯了。"

所以她在 17 岁时"小小崩溃"了一下,也就不意外了。很明显,在这个年纪,弗吉尼娅就表现出了性格里一种非常关键的特质。"无论事情如何糟糕,只管埋头苦干",这种思想早已深深刻在她心里,她已经养成了"以苦干应对困难"的行为模式,条件越是艰难,她越是拼命工作。她没有意识到,过度工作既是她挣扎的恶果,又是她挣扎的根源。甚至在一次自杀未遂之后,她仅停了一天就再度投入工作。

从青少年时期到 20 岁出头,弗吉尼娅在莱斯特广场当过鸡尾酒侍应生,在许多家咖啡馆当过咖啡师,在许多家酒吧当过调酒师,在一家意大利餐馆当过服务生,在一家旧货商店当过店员,在乡下当过牧羊人,在一家专门向出版商出售名人故事的机构当过新闻官,当过人体模特("他们同意我把课堂笔记挂在墙上,方便我在做模特的时候复习"),还当过助教和英式篮球教练(以上职业并无先后顺序)。

直到 23 岁那年再次崩溃,弗吉尼娅才确诊患有躁郁症,但她不同意这个诊断,于是医生换了种说法——沉迷工作症,并要求她完成"匿名工作狂协会"的十二步的康复方案,以调节这种症状。当时她以为医生在开玩笑:"在我的印象中,工作狂就是 20 世纪 80 年代的公司总裁,带着大大的传呼机和行李箱,一天到晚就知道工作,不怎么关心家庭,这才叫工作狂。而我只不过打了二十几份工,做过咖啡师、放过羊、看过旧货店、教过英式篮球,这算什么工作狂?"

尽管有疑虑,弗吉尼娅还是参加了"匿名工作狂协会",定期去了8个月。她说这个协会的很多项目都"像彩蛋随机掉落",运气好才有份儿,而且说实话,有的项目简直"像在闹着玩"。在她给我演示了一遍协会的活动之后,我总算知道什么叫"闹着玩"了:身披做祷告用的披巾,念几段自助书里的选段,内容是"为你不可控的情绪筑造一座祭坛"。接着在纸片上写下你"最主要的缺陷",将纸折成船后放进河里,让它们随流水漂走。尽管这些东西毫无用处,但弗吉尼娅在那里遇到了不少比她大三十多岁的人,他们就像一面镜子,让她看到了自己不想要的人生,让她明白自己以后绝不想变成这样。对弗吉尼娅来说,这还是她第一次完全拒绝去做某件事,算是个难得的突破。"我第一次产生了这样的想法:对,这就是一坨垃圾,我非离开这里不可。这恐怕是我参加这个协会最大的收获。"

弗吉尼娅说,如果去看个好的心理医生,她"早八百年"就可以迈出这一步了。但说到底,是这个协会给了她每周一次倾诉自己的机会,让她得以重新审视自己长久以来对于工作和自我价值的认知。她出身工薪阶层,周围所有人都在拼了命地干活,她继承了母亲还有祖母的工作状态。祖母单身一人抚养四个孩子,一生读过很多书,直到70岁还同时打好几份零工。这就是弗吉尼娅的成长环境,她周围的女性为生计所迫,一生都在拼命工作干活,却从未感到快乐和满足。母亲和祖母用人生经历告诉她:你可以主宰自己的命运,但必须拼尽全力,即使很苦很累、饱受病痛,甚至几个小时前才尝试过自杀也不要松懈。

母亲和祖母给她做了榜样,让她明白,生活很难,唯有苦干才能看到更好的风景。当然,前提是风景确实存在。

正是这种观念,还有工作、自尊心和安全感之间那早已固化的联结,逼得她越来越拼命。她说:

> 如果你在冲突和失落中长大,摆在你面前的只有两种选择:要么不惜一切代价逃离,要么一步步走向同样的结局。对我来说,假如因为受不了别人在你身上乱摸——这也是我千方百计试图避免的,就辞职不干,或者被辞退,这是很可怕的事。人只有在害怕时才会做反常的事。我知道我在重蹈上一辈人的覆辙,但至少我明白也愿意坦承这背后的原因,这一点对我帮助很大。

这也正是弗吉尼娅这个故事的动人之处。她年富力强,智力出众,能力过硬,所以她才能如此拼命,一步步把自己逼到身体、精神甚至是生命的极限。她意志力强,很能吃苦,所以她才会让自己置于险境,这样伤害自己。最终,她对自己过去的坦诚,对自己疯狂工作行为的理解,让她慢慢康复,从而渐入佳境。

如今,公立医院的心理医生不太可能会推荐患者参加"匿名工作狂协会"了。弗吉尼娅猜想,如果她现在患上躁郁症,医生应该只会给她开抗抑郁药物,也许还有助眠药,开张证明让她休假两周,不会让她去做什么乱七八糟的治疗。

弗吉尼娅是过度工作的一个极端例子。我们大多数人也许不会像她那样,兼职人体模特、参与农村放羊、做过英式篮球教练，但试图通过没命工作来麻痹自己，无意识地重演儿时遭遇的创伤，这些体验许多人一定不陌生。

要及时发现自己处于这种不良的工作状态，理解其背后的成因，探寻野心背后的动机，唯有如此，我们才能把自己从这场"野心危机"中解救出来。

避免劳累过度的秘诀

我不是要给大家泼冷水，但是按部就班、井井有条地过日子真是毫无趣味可言。各位要做好心理准备。

我采访过的不少女性都在苦苦挣扎，但也从中学到了很多生活的智慧，吸取了过去的教训，提出了以后的应对方法。我把她们的分享与我自己的经验结合起来，我曾经饱受压力、深陷焦虑，可能也劳累过度过，但这几年，尤其是2019年，我学会了如何照顾好自己。我和受访女性的血泪教训凝结成以下建议，帮你回答"如何在工作的时候不发疯"这个问题。

最重要的是，要找出导致你目前工作状态（特别是劳累过度）的根源，就像西方文艺作品里，总会先交代英雄主人公的起源故事。你可以寻求人生导师和心理咨询师的帮助，或是去当地图书馆（如果有的话）借几本书。首先，问自己一些问题，把答案简单写下。从你工作上的榜样入手，不失为一个好的出发点。你从他们身上学到了什么？你父母的工作状态是怎样的？你认同他们的工作方式吗？

弄清楚你当下的工作状态从何而来后，要想既不用劳累过度又能在职场所向披靡，下一步就是：

- 明确你心中对成功、成就和野心的定义。
- 明确你对个人生活的期待。
- 明确你对工作生活的期待。
- 将两者结合起来，思考总体的生活追求。
- 好好做个计划，设定好未来工作与生活的边界。

你最需要弄清楚的是自己对私生活和工作的要求（这部分我们在第七章会详细讲），以及如何将两者结合起来，以完整而不是间歇性割裂的状态来生活，不是一阵子疯狂沉迷工作，一阵子又完全抛开，躲到海边度假去。

管理好工作和生活，关键在于管理好自己的精力。

蒂娜·威尔士伯格在谈到劳累过度现象时，提到自己很喜欢托尼·施瓦茨（Tony Schwartz）关于精力管理的理论。施瓦茨是精力项目机构（The Energy Project）的 CEO 兼创始人，该公司的官网上写道，该公司旨在"帮助人们管理四大精力——体能、情感、思维和意志，学会有规律地利用及补充精力"。[17]虽然我之前不了解这些，但在听蒂娜讲了她自己管理精力的方法后，我觉得非常有帮助。

"我想做很多事，而且都耗时久周期长，不像待办清单上的事一样可以完成后就打个钩。"她经常运动，注重饮食健康（虽然她说自己是个甜食党），所以关于体能方面的精力管理她很有一套。从悉尼外派到爱丁堡工作后，她才意识到人与人之间的联系对她来说有多重要，失去了这些联系，她感到情感上很空虚。她告诉我，刚搬来爱丁堡时，每天工作都很痛苦，与同事们存在文化隔阂，生活习惯也大不相同，只觉得格格不入。有些人觉得无法融入同事不是什么问题，只要工作之外有家人和朋友就行了，但蒂娜没法接受这样的区隔。她"非常重视与周围人建立联结，并不太区分工作内外的人际关系"。

关注你的精力（以及各个维度的精力），是保障自身幸福的重要（也有点无聊的）部分。如果 The Energy Project 公司的项目不适合你，不妨把你的精力视为一个债务系统——每个人的时间和精力都有限，承受能力也不同，有些事消耗精力更快也更多，而不同维度的精力消耗，会产生不同的影响。要想将珍贵的精力均匀分配到生活的各个维度，就要避免过度关注某件事或某个人。

我自己就是一个典型的反面教材。我曾经把全部精力投注到一份工作中，除此之外，本书开头那种递便条的上司占据了我太多心理空间，为她烦恼的那些精力，我本可以用来做更多事，但我却放任她在我脑子里盘旋不去，安营扎寨，而且毫不夸张地说，扎的还是个家庭野营版大帐篷，是哈利·波特在魁地奇世界杯住的那种会自动延展的魔法帐篷。举个更通俗的例子，我对前上司，就像特朗普对希拉里和她那些邮件那样上心。2019 年 5 月，时任国务卿希拉里告诉 NBC 电视节目主持人蕾切尔·玛多(Rachel Maddow)，她正"免租长住在特朗普的脑子里"。这个形象的比喻有助于理清工作、烦人的领导和同事耗掉了你多少时间和精力，在你的生活中占据了多大空间。问问自己：

什么东西正在你脑子里免租长居？

我上学那会儿有过一个心理咨询师，她对我如此认真对待星巴克的兼职感到震惊，不是因为这份兼职不值得或不重要，而是我竟然会因为这份工作把自己搞得压力很大，甚至搅乱了生活节奏。一天她问我："你真的觉得，有人会注意到你每天都付出了110%的努力去做这个工作吗？如果只付出80%，甚至65%，又有什么区别呢？"这个问题把我砸蒙了，一直在我心里挥之不去。后来在与29岁的记者爱斯琳聊天时，我又想起了这个问题。爱斯琳分享了她劳累过度的症状，还说现在这份工作做得很累，为了让自己的工作既可控又能忍受，她用上了我心理咨询师提到的方法：

> 我每天都付出百分之百的精力去工作，不惜牺牲生活中的其他娱乐。我没有周末，也没有假期，所有时间都给了工作。现在我决定只付出70%就好了。当然工作还是尽心尽力完成，因为我本身是尖子生的思维，只不过现在只投入70%的时间，这样是一个比较舒适的状态。我很清楚，有时即使只做到10%，也不会有人发现，这也是这份工作一个让人很无力的事实。我不愿意这样划水，因为我在乎这份工作，但实话说，除了我和关系最近的团队外，真的没人会注意到。

如果你很难接受这种想法，不妨这么想：没有百分百投入并不意味着你不认真对待工作，而是意味着你更认真对待生活。你的精力只有那么多，不可能凭空变出来（尤其是在劳累过度的情况下），所以只有从工作中分拨一点过来，才能平衡好生活的天平。

你的友情和亲情是什么样的状态？有没有好好经营与伴侣的关系？你是否像我一样，因为忙着收拾公司的烂摊子错过了上一个结婚纪念日？你单身是因为"太忙没时间谈恋爱"，还是真的享受单身状态？你有养宠物吗？你喜欢自己的生活环境吗？你的兴趣爱好是什么？上次做这些事是什么时候？你最近一次感到快乐又是什么时候？

去关注各种各样的事，去拓宽生活的广度，这很重要。在人生的不同阶段，有不同的轻重缓急，有些事可能会占据更多的精力。但事情再多，每个人也总能找到自己的平衡点，而你要做的，就是找到属于你自己的最佳状态。

守住自己精力和健康的底线

要在精力、心理健康和快乐上守住自己的底线，真的非常重要。就像蒂娜说的，这不是待办清单上的事项，完事了就打个钩，而是日复一日的坚持。而且，老天爷呀，这真的很难。

关于长期坚持良好的习惯，我最喜欢伊丽莎白·吉尔伯特（Elizabeth Gilbert）在节目 *How To Academy* 上的说法。*问及对工作的看法时，伊丽莎白说她的主业，也就是她每天花最多时间的，是"调节心理健康"。在大部分日子里，她每天早上醒来的第一个想法就是："我去他的！"为了尽可能平息这种惊惶怨

---

* 本期节目的播客版可以在各大平台的 *How To Academy* 播客收听，本书附录也会提及。

怒的心理，她已经投入了无数个小时、好几个月甚至好几年。"这才是我真正的工作，其他的只不过是爱好。"

关于坚持调节心理健康，管理日常精力，克里斯汀·贝尔（Kristen Bell）的丈夫、演员兼导演达克斯·谢泼德（Dax Shepherd）也提出过很有用的建议。在和女演员莫妮卡·帕德曼（Monica Padman）一起做的播客节目"安乐椅专家"（"Armchair Expert"）中，他经常谈起自己的心理健康状态、童年时的创伤，也谈成功戒酒 15 年的经验。他在很多集中都提到，自己有一个清单，上面列着每天必须完成的事，他了解自己，要保持心理状态稳定，一定要做完这些事，比如每天的锻炼。一旦情绪不稳定，他就会去对照那张清单，检查是不是忘记了哪件事。

如果本书只能留下一条建议，我觉得列清单这条最重要，也最简单明了，不管你当下处于什么状态都非常适用。2019 年 2 月，刚从 *The Pool* 离职那会儿，我列出了自己的清单，里面有很多事，对当时的我来说是立竿见影的疗法：

- 洗澡
- 洗脸
- 做瑜伽和冥想
- 吃一顿营养均衡的早餐
- 听播客
- 用泡沫轴按摩
- 喝水
- 出门散步

我还记录了以下数据，以便评估其是否合理：

- 玩社交媒体的时间
- 总屏幕使用时间
- 看电视以及瘫在沙发上的时间
- 摄入的糖分、咖啡因、碳水和芝士
- 清理的邮件数量

为了让自己支棱起来好好生活，专门列个清单，也许听起来很没意思，毫无难度，事实也确实如此；但正是这些庸常无聊的小事，组成了我们生活中不可或缺的养料。

不管社交媒体上那些网红怎么给你洗脑，调节心理健康这件事，根本没必要穿着名牌运动服，扎着时髦小辫，在豪华健身房里上那些名字很绕的健身课程，也没必要对着石榴籽沙拉一顿柔光摆拍，没必要追求这种所谓的养生。你要做的，只不过是套上很多天没洗但舒适宽松的裤子，把干枯打结的头发随意盘起来，跟着上随便哪个健身课程，能让你累哭就行，老老实实一天喝八杯水，然后惊叹自己一天能排这么多尿，保持这些最基础的健康小习惯，就足够了。

受疫情影响，这些日常的健康习惯似乎成了很多人每天必做的功课，但能否真正坚持下去，只有时间才知道答案。目前，这种健康理念尚未完全普及，但要想管理好精力，保持工作与生活的平衡，照顾好身体也是关键一步。这就好像经营自己的后花园，所有琐碎活计都是为了实现那个终极目标：不在工作的时候发疯。因此，我想请各位暂时放下手中的书（或暂停播放有声书），好好想一想你的这份清单，写下你每天必做、能够保持你身心健康的事。（如果无从下笔，也可以参考我的清单，或从 No Bad Days 系列记事本里找找灵感。）[18]

请不要放弃一切，离群索居

我们所做的一切努力——维持精力、列日常清单、明确内心的追求、探索实现的方法，都是为了不把自己逼得走投无路，最后躲到某个海边或某个深山老林的小木屋里，每天自己一个人谋生，远离职场和公司，毕竟后者对当今政治和民生的影响只会与日俱增。

拥有一份能养活自己的工作是件幸事，感恩戴德固然没错，但有时也需要休息。有时我们实在是被巨大的压力压弯了腰，正常生活受到严重影响。在这种情况下，我们确实应该收拾收拾滚到巴厘岛去，或者做一年自由职业者，在家工作，再写本书（当然，前者可比后者放松得多）。做自由职业者当然也能养活自己，但是扎堆辞职去搞自由职业，倒也没必要，毕竟自由职业并不能展示什么女性力量，也没有高人一等。如果我打破了你对于女性创业者忙碌充实、所向披靡的想象，很抱歉，但朝九晚五的上班族同样值得尊敬。想要实现梦想，不是非要从零开始单干，同时接下十来个活儿，关键的问题是，你的梦想是啥？你想要的是什么？总不可能，大家的梦想都是在新的森林国家公园经营豪华野营的生意吧？

如果每个人都接受这个该死的"成功—透支"循环，接受对野心和成功的单一定义，永远只停留在口头抱怨，那么谁能切实推动改变发生？哪个领导层能做出有用的决策？

现在你可以推脱说，反正我们又不是董事会的人，也没有权力做什么决策，管它有没有用，有这闲工夫关心，不如起个大早，去海边遛遛那五只狗，而不是辛苦地通勤上班，和一帮毫不在意你想法的家伙坐在会议室里……但区别在于，如果我们为自己期待的改变尝试过，努力争取过，事情是会向好的方面转变的，我真心相信这一点。有太多方法摆在我们面前了，放眼望去，无数有识之士在为推动改变而奋斗。以前我认为，女性主义就是有更多女性挤进知名公司，在男性主导的职场工作；就是聘用年轻女性，指导帮扶她们，给她们晋升的机会（我自己可能没有得到这样的机会）。但当我试图做这些的时候，我发现我自己没有足够坚硬的盔甲；当我想把其他女性拉出苦海的时候，我发现自己没有戴上氧气面罩。

所以，可能我们都会经历这样一个阶段，忍无可忍地出逃，又回归，接过这副担子，以便其他人可以短暂逃离。公司这台机器不能停摆，换班交接，总要有人在岗。但在这背后，我们要不断探索，敢于发声；我们要让上面的人知道我们的诉求，知道用什么才能留住我们；我们要照顾好自己，以新的方式实现个人发展。（当然，也可能继续原地踏步，因为我真的觉得，很多人明知道该怎么做，却还是没能站出来为自己争取。）

不久前我和维夫·格罗斯科普一起吃早餐，我告诉她，我拒绝了几份工作邀约，还坦言不喜欢朝九晚五的工作，只想好好写我的书。她看着我说道："你当然可以躲起来写书，但职场的大门也随时向你敞开，因为我们需要有人领导。"我大笑，但她的话一直留在我心里，于是最近我决定以一个新的身份回归职场。本质上说，仍然是自由职业，只不过每周要花三四天时间，为一家国际化妆品公司制订商业项目推广书。说实话，我很紧张，不是紧张工作本身，而是担心又把自己弄得劳累过度。我担心工作上的事造成过大压力，担心前方未知的经历，担心回到以前的老路子，担心我非得把自己累垮才能干出点成就。我这套新披上的盔甲，能抵御住来自职场的侵袭吗？

现在，我该像我自己说的那样，试着做出点成绩，同时避免劳累过度，将我自己的建议付诸实践。

多喝水。

吃香蕉。

出门散步。

平衡兼顾。

以及，我不是想模仿那些我自己狠狠讽刺过的网红的那套话术，但我真的觉得，我找对门路了。

你们也可以。

第四章

边界与自我

『工作之所以为工作……』

现如今,"专业"这个词到底意味着什么?

要解答这种复杂的话题,有时还是适合从反面入手。就我个人而言,我可是见识过各种各样"不专业"的行为。有些属于"人类迷惑行为",多见于科技怪人身上,比如光着脚去公司食堂,用厨房的水果剪刀来剪指甲等等;还有些不专业行为已经上升到了职场霸凌范畴,比如领导自己在会上迟到,却把火撒在做会议记录的助理身上,批评他们"打字声太大"。

对我而言,"专业"意味着在职场上遵守人与人最基本的交往准则。无论你是一名遛狗工还是一位律师,无论你供职于气氛活跃的初创公司还是相对刻板的银行,总有些做人最基本的原则,规范着我们的言行举止,指导着我们与身边的同事、客户和熟人相处。

"专业"还要求我们学会观察,了解并遵守我们所在环境里通行的那套社交准则。除了特定的工作场合,专业性还要求我们举止合宜,包容差异,尊重他人,既态度友好又不过分热络。专业性也要求我们学会设定边界,让领导和同事明白与我们共事、相处的方式,让他们了解我们大体的时间安排,同时尊重他人的边界。

本章将讲述如何设定边界,让工作归于工作——不是你的身份、你的家庭,不是你社交生活的主场,仅仅是一份给你发薪水的工作。本章会就如何保持专业性提出实用的建议,即使在周围人都不专业的情况下。因为暂时想不到更文雅的词,我只能援引 Reddit[1] 论坛上那个"我是混蛋吗?"的帖子,本章正是致力于教你在职场上设定边界,以免成为别人眼中的那个"混蛋"。本章会教你控制好以自我为中心的毛病,别被所谓"公司是你家"的话术骗了,记住,无论你的同事多么可爱,他们终究不是你的家人。

尽管流行趋势更迭如潮,网络热词日新月异,办公方式迎来变革——在 2020 年尤为明显,但职场上基本的社交礼仪、社会上基本的公序良俗始终不变,只要时刻谨记这些,再棘手的场面也能迎刃而解。

为什么"公司是你家"是一个天大的谎言

我经常听到企业、部门,尤其是初创公司标榜自己是"员工的家",高喊"我们是一个大家庭!"或"欢迎回家!"之类的话。我知道这样说是为了显得包容、热情,让员工感受到如家一般的温暖,但每次听到这些,我心里都忍不住升起一阵恶寒。

家庭是非常复杂的体系,人际关系错综交织,还有不少人斡旋其中,从这个意义上来说,企业与家庭确实有相似之处。还有一点也很像,与经营家庭关系一样,做好工作并非易事,做不好可能就是彻头彻尾的噩梦。家庭在每个人一出生就注定了,没人能选择自己的家庭,此外,我们还对家庭承担着这样那样的责任和义务,同时也依赖着家庭生活。总的来说,你之所以忍受家里的一大堆糟心事,是因为你的家人,而你(应该)

爱他们。

至于工作，说到底就是企业付钱买你干活，提高其产出，以实现利益最大化。这不是家庭，这是交易。最重要的是，家人可不会解雇你，家庭不会裁员，家里的二女儿、婶婶、教母不会哪天突然变成闲杂人等而被踢出族谱。另一方面，我们不能选择家庭，但可以选择工作。不要因为老板给你洗脑什么"我们是家人，我们要并肩作战"，就容忍别人在职场上为所欲为，这些都是借口。公司不是家庭，硬要假装它是一件很离谱的事。

有些公司不会说得这么直白，但对员工的管理毫无边界感，完全没有平衡工作与生活的概念，本质上与那些宣称是自己是员工的家的公司没有区别。27岁的杰西卡是一位常居伦敦的作家，几年前她在一家媒体公司工作。这家公司规模巨大，但自我定位依然是初创企业，大部分员工都很年轻，很多人都是大学毕业后第一次工作，所以整个公司的氛围就特别像"延伸版的大学"。杰西卡说，虽然她觉得工作中交朋友很正常，但很多同事根本分不清工作和生活，有的人不仅住在一起，还谈办公室恋情。她觉得这样"真是诡异"，但总的来说，在那里工作很有意思。"那是我这么多年来第一次，早晨醒来时发自内心地期待去上班。"

然而仅仅一年之后，杰西卡说她"看到了不好的一面"：这家公司总是招满腔热忱的年轻人，用精美下午茶等小恩小惠收买人心，再加上"高大上"的公司名，为年轻人提供可以在社交场合吹嘘的"文化资本"，让他们以自己的工作为傲。久而久之，员工们收到了越来越多印着公司标识的小配件，还有毛衣、帽子、背包等等。不知不觉间，每个员工都用着公司发的杯子、公司发的笔，小憩时盖着公司发的毛毯。突然之间你发现，你整个人都成了公司的所有物。杰西卡认为，这是公司想牢牢拴住年轻员工的伎俩，不管他们是否享受这份工作，不管他们是否遭到不公对待，公司最终会"堵住他们抱怨的嘴"。

"我觉得用这种方法来拿捏初入职场的新人真的很高明，他们跃跃欲试，对工作怀着极大的热情，"杰西卡说，"真的太鸡贼了。"

她还谈到，对于她这种少数群体来说，情况更为复杂。"作为某个环境里的少数群体，总会有种亏欠感，因为你和别人不同，你能在这里好像是意外、是破例。"最开始，她觉得"很荣幸"能进到这家白人为主的公司，因此当公司的光环退去时，她心情复杂："我开始觉得工作不快乐，但还是会想'妈的！我觉得欠了公司的情，这种感觉真难受。'"但她很快明白，这些公司看起来"高大上"、氛围好，还自称是大家庭，却能在转眼间就对员工"剥削掠夺"。

职场骗局

我很清楚，杰西卡说的这些是很常见的，因为我曾在极其相似的环境里工作过。在初创公司和小型企业，大部分员工都年龄相仿，如果是从外地来大城市打拼的，大多人生地不熟。大学时的朋友在其他城市，家人远在家乡，而朝夕相处的同事既年龄相近，又同在一个公司，自然有很多共同话题。同事之间熟识起来也有一个过程，最开始是在 Slack 上频繁聊天，中午一起吃饭，慢慢地开始晚上一起去酒吧，几次之后就是"这周末有安排吗？要不要去烧烤？"

如果合租室友刚好搬走，同事就可能会搬进来。那些上班时摸鱼的聊天，那些酒吧之夜，促成了这种搭伙过日子（现在还有这种说法吗？），甚至是真正交心的关系。

然而，这些关系最终难免被带到工作中，随之而生的种种牵绊，终会蔓延到职场，超出了 Slack 上随意的闲聊，也不仅停留在快乐的 K 歌时光。有人开始躲到厕所偷哭；有人焦头烂额地忙于紧张的会议，听着领导惯常打太极；有人莫名其妙遭受人事调动，却完全不知道原因是什么。

这一切会让每个身处其中的人备感压力，既枯燥烦闷，又紧张不安。

就算没有把同事处成"炮友"，没有牵扯情情爱爱，也没有来场轰轰烈烈的办公室恋情，因为关系好就对同事百依百顺、言听计从，但最后还是会有戏剧性的爆发，然后尴尬收场。矛盾从来都像滚雪球一样，从细枝末节累积到歇斯底里，也要不了多久。

如果企业高层有意打造一个氛围欢乐的工作环境，像大学校园，甚至像操场，总之完全没有工作场合的样子，这会让刚刚毕业、初入社会的职场新人认为，玩乐散漫就是工作的常态，甚至就是工作的重心。嘿，这有个休息室，里面有沙包和啤酒，我们点个比萨，在里面来场头脑风暴吧！

如果领导带头讲八卦，下属自然也有样学样；如果领导搞小团体、明摆着偏心某人、对底下人区别对待，那就相当于给其他人做这些事开了绿灯。

如果领导情绪不稳定，总是走得最晚，来得最早，整个人紧张兮兮的，员工的工作状态自然也会受影响，时间挤得很紧，压力管理失衡，身心健康受损，而且还无形中传递出一个信号：要想在这个公司混出个名堂来，就得像这样。

总的来说，如果每个人都没有边界意识，言行举止都没有工作的样子，在食堂打赤脚，只为显得自己"很有个性，敢于做自己"*，那真的不仅是乱套，而且完全没可能做好任何工作。

如何把同事处成同事，而不是随时绑定的"家人"？

要想在工作的时候不发疯，很重要的一步是杜绝不必要的折腾，把内心那只野兽关进笼子里。要想让生活更有条理，必须设定边界。在工作中遇到了一点小麻烦，想要在入职时重新设定边界——这些都没问题。只需要花上一点时间，解决你的麻烦，同时学会在边界意识缺失的环境里，为让自己划定新边界。

那么，什么叫设定新边界？

我们的老朋友杰西卡在那个毫无边界感、仿佛大学校园的公司待了一年后，终于选择离职。如今她改变了与同事的相处方式，这种改变是从她入职新公司后开始的。"最开始我的想法

---

* 我见过这种事，真的很烦。

是:为什么这里没人想交朋友?但现在我宁愿不交朋友。我讨厌公司总是把同事说成家人。在新公司,我们是一个团队,而不是家庭,对彼此来说,我们也不是什么圣母大善人,我就喜欢这样。"

她也尝试着设定其他新边界,比如,不随便在社交平台上添加好友。"我真的不想在半夜 1 点收到谁的消息,说她跟哪个男同事亲了嘴。我不想知道,谢谢。我现在就是在设定这个边界,不是说必须冷漠地拒人于千里之外,但要我在一个毫无边界感的开放式办公室工作?我拒绝,谢谢。"杰西卡还说,5 点半一到,她就走人,除非是真正的紧急情况,否则联系不上她。

我很欣赏杰西卡在新公司的做法,如果你想知道如何开始改变,以下是一些与同事划定边界的注意事项:

· 八卦这种事,一旦开始就收不住,所以不要加入那些专门嚼舌根的聊天群组,不管是 Slack 聊天室、WhatsApp 群组还是诸如此类的东西。你的老板有权限调出公司电脑上的聊天记录[2],还能看到你用公司账号说的话(我的天!),所以背后八卦很容易被抓到。没必要给自己惹这种麻烦。

· 如果实在是憋不住,那别找同事,找其他人倾诉。如果非得跟同事说不可,找一个你认识比较久的同事,这点很重要,千万要相信我。

· 如果你会在社交平台上发布与工作相关的内容,那有同事关注你也没关系,因为显然你心里有数,那些东西是发给客户、老板还有其他所有人看的,对吧？但是如果发的内容比较私人，那就别随便加人好友。要是有人问起，你就说："啊，不好意思，那是我个人小号，不加工作上的人呢。"如果对方觉得不爽，不用担心，他们很快就会忘了这茬的。

· 忠于内心，只写你想写的内容。就算编辑要你写过去的痛苦经历，你也没有义务自揭伤疤；就算酒吧里别人都在分享悲伤往事，你也没有义务告诉全世界，你心理出过问题，你是怎么熬过来的。只要你不想说，完全不用告诉别人自己周末做了什么，是否已经结婚。把自己想象成一个政治家，对着记者的问题打太极："我周末做了什么？我很喜欢周末，你呢？我印象最深的一个周末是去威尔士攀岩，唉，你去过史诺多尼亚吗？"

· 你可以对所有人态度友好，彬彬有礼，但没必要喜欢所有人，也没必要让所有人喜欢。人缘一般的感受并不好，特别是因为没在八卦群里，错过了很多别人都懂的梗，或者人家在那些群里约好一起吃午饭，却没叫上你。在这种时候，心里难免会不好受，但不要忘了，你是为了什么而工作。工作是为了挣钱，是为了有条件时能做自己喜欢的工作，从中获得满足感，进而提升你对整个生活的满足感。

为时间设定边界，艰难平衡工作与生活

我时常强调按时上班、完整午休和按时下班的重要性。你会想，这还不容易！但听起来简单，做起来难。经常听人抱怨没时间做这个，没时间做那个，手头事情太多。我有认识的人，连上厕所和打饭的时间都没有（更别说吃饭了），因为他们有开不完的会，有狂催进度的领导，还有吹毛求疵的客户，为了向公司证明自己的价值，他们不得不处理所有事，让所有人满意。下午两点前要把工作报告发到 Meerkat 公司贝西的邮箱，哪有时间上厕所？我知道这种感觉，因为我也经历过这些。

开始一份新工作前，首先要划定时间界限。一开始就严格按照你理想中的计划执行，并让新团队和新上司知道，你会按时上班，必须午休，而且一定会按时下班。比起中途改弦易辙，从头开始要容易得多。在日程本中预留出已经有安排的固定时间段——健身时间、午餐时间、真正工作不开会的时间。如果新公司电脑有安装 G-suite 或谷歌日历（Google Calendar），可以在上面设定工作时间段，还可以对软件进行设置，自动拒绝与你时间安排有冲突的会议邀约。你一入职就严格执行这套操作，时间长了就会越来越轻松。你一旦让步了一次，接受了计划之外的会议，或为了与纽约分部核实工作没吃晚饭，客户的行政助理知道后，就会默认你的时间可以由他们支配。"啊，这个会议和凯特的日程撞了，不过她肯定会空出时间的，安排上吧。"

如果你不是新入职，而是在当前的工作中，因为时间安排不过来感到焦头烂额，要一下子改变工作方式，重新划定边界，

确实比较困难，但也不是完全不可能。不管怎么样，必须要做出改变，应该这么做：

首先，与你的上司聊一聊，明确说清楚你现在的困境——苦于工作时间管理，而且已经危及心理健康，请他们帮你找到更合适的管理方式。可以这么说："不是我做不来分配的任务，也不是这些事对我来说太难，而是时间上排不过来，如果要赶完这些，我根本没时间吃午饭，甚至没时间上厕所，这已经严重影响到我的健康了。"

你可以提出一些解决方案，列几个能改善这个问题的方法，比如在日程表中预留一段午餐时间，不参加计划外的会议时向上司申请批准，推掉额外分派的工作，还可以请上司帮你减掉一些手头的任务，同时也请他们就这个问题给出一些建议。

当然，上司很可能会说"工作本来就是这样的"，或"但这些工作必须要有人完成"，或"你要是不行，我找别人来"之类的。但是，如果工作就是把人逼得连小便的时间都没有，你的人力资源总监恐怕对此也不敢苟同。这是上司施加给自己团队的工作方式，而不是"这个职位或这个行业本身的性质"。这是某些公司主动选择的工作方式，本来大可以不必如此。

至于"这些工作必须要有人完成"，我坚信好好休息能提高工作效率。好好吃完午饭后，专注地工作一个半小时，不被其他事情打扰，这效率肯定比一整天连轴转地开会、不停歇地回邮件来得高。要是因为你表达了想有时间吃喝拉撒睡的诉求，领导就要炒了你，那这工作不要也罢，趁早别干了吧。任何公司都没有权力要求员工这样极端地工作，更不应该在他们表达不适时拒绝帮助，这有失常理，冷血无情，罔顾员工健康。

与上司谈过以后，你必须做这些事：

· 预留好有安排的时间，并严格执行。午饭很重要，即使只有半小时也要好好吃。最好到公司外面吃，或者加热盒饭到另一层楼去吃，要让别人看到你的工位是空的，因为如果在座位上吃，有些同事还是会直接找你："嘿，不好意思打扰你吃饭了，但是……"以前这种操作让我很抓狂，但也怪我自己，谁让我要在工位上吃呢。

· 如果你很忙，但又要上厕所，完全可以悄悄从会上离席，这是你的权利。不用告诉大家你要去做什么，只要说"不好意思，我出去一下马上回来"，不用征得别人的允许，你又不是小学生了。

· 按时上班，到点下班。必要时可以加班，但要么有加班费，要么以后用休息时间补回来，比如第二天上午晚点到，或周五下午早点走。

· 谨慎定义"紧急事件"。不要杀鸡用牛刀，遇上真正的急事，才有必要切换到应急工作状态，如果你总是为了工作狂薅头发，要么走得最晚，要么来得最早，那领导怎么能看出你什么时候在"加班加点赶工"？如果你每项工作都做得火急火燎的，仿佛家里起火一样赶，领导又怎么知道你什么时候是真的需要帮助？

设定这些边界对保持健康状态、保证工作效率至关重要。边界让你更专业，能更好地管理工作、调节心理状态。通过设定边界，你引导同事和上司适应你的工作方式，甚至为其他职场人树立了一个积极的榜样。

远程办公也要设定边界

疫情期间，远程办公带来许多新的问题。突然之间，全世界的许多上班族都不得不缩在凌乱的厨房里在开视频会议，他们的小孩在其他房间大哭大闹；为了躲开另一半开会的声音，他们窝在随便哪个没有堆满脏衣服的犄角旮旯。

然而，这种非常时期下的远程办公，与正常时期的形式有区别，在时间安排上，其与自由职业的不同也无法很好地体现出来。事实上，虽然都是线上工作，自由职业与远程办公还是有很大差别的。其中很关键的一点是，自由职业可以自主安排时间——除了偶尔要和客户开会，要在规定期限内上交工作成果，没人会管你上午十点是不是在工作。

但企业员工的远程办公则不然。不好意思了兄弟，工作群是一定要进的，团队和上司要看到你在线，至于你人是在厕所还是哪，都无所谓，你可以自己做主。无论如何，最最重要的是，提前沟通好你的时间安排，划定清晰的边界。要在居家办公时分清生活和工作似乎不太可能，不过别担心，还是有办法的，只需要一点自制力，还有要在工作方式上稍作调整。

总的来说，居家办公也要做到之前说的那几点：该上厕所就去上，准时上工，准时下工，预留出工作时间，保证专注高效。不要在晚上9点爱人想跟你温存的时候，还想着"赶紧再发最后一封邮件"，或者其他什么有关工作的事。落实到具体行动上就是：

明确告知他人什么时候可以因为公事找你。如果你不是那种一天到晚都秒回的人，那就告诉客户和同事，周一到周五早上8点到下午4点是你的办公时间。如果在其他时间联系你，就只能到下个工作日才能收到回复。也许你以为，不在晚上10点为一点小事打扰别人是公认的常识，但很不幸，总有人干这事（特别是在双方所在地有时差时）。

明确告知他人以何种方式联系你。你希望别人打电话还是发邮件？跟人家明说哪个号专门用于工作，不要换来换去。（至于其他私人的社交媒体账号，说不说就看你自己了）。

自己定的规矩自己要遵守，不要言行不一。说了下午4点以后没空，就不要晚上7点还给人家打视频电话，这是在无形之中告诉别人可以对你做同样的事。怎么说就要怎么做，自己做好榜样。

事情紧急与否，你说了算。客户和上司对"紧急事件"有着自己的界定，他们说的"紧急"未必是真急，你要有自己的判断标准，并在团队中统一这个标准，告诉他们什么样的事才是真正的紧急，才值得在周六早上7点惊动你。当然，那些食物链上层的人可能与你有不同看法，尤其是牵扯到钱的事，多半一刻都等不了，更别说注意什么办公时间了。如果他们在周六早上叫醒你，只为分享一个一时兴起的想法，那有必要好好与他们划定边界，因为这根本算不上紧急；但如果是因为一夜之间损失了几百万英镑，或者哈里·斯泰尔斯（Harry Styles）被拍到穿了你设计的衬衫，这也许多少能称得上"紧急"。

捯饬出一个环境，让你能"深度办公"或"沉浸式办公"，总之能高效工作。 在厨房里的桌上办公，既没有大显示屏又没有蓝牙键盘，这个条件可能不太适合专注工作。需要长期居家办公的话，最好花点工夫整理出一个专门的办公场所。如果你既想保持高效的远程办公，又想平衡工作和生活的话，那在床上穿着睡衣工作可不是什么好的选择 [菲比·沃勒·布里奇（Phoebe Waller-Bridge）这么做，不代表你也要。]³ 我们普通人要做的就是老老实实冲澡、洗漱、换上像样的衣服——哪怕只是好久没洗的家居服（至于穿不穿内衣、化不化妆、刮不刮胡子之类的，就看个人习惯了）。这能帮助你切换到工作的状态，区分开"居家"和"办公"，虽然二者都在同一个地方。你的床是用来睡觉和做爱的，不是用来给无聊的演讲做 PPT 的。（当然如果你有这个癖好那另当别论啦，这里不做评价哦！）

即使家里没有多余的房间给你办公，还是能做些小小的改造，花不了几个钱，又符合人体工程学，还能提高效率，让办公更得心应手。脸书（Facebook）商城和易贝（eBay）网上有海量物美价廉的二手办公用具，免费回收网（Freecycle）上可以无偿交换闲置物品，更加实惠。有意入手降噪耳机或改进照明设备的话，这些平台都是不错的选择，具体花费取决于你预算的多少。

试着找到一天中大脑最活跃、效率最高的时间段。对于远程工作者来说，个人最佳状态可能并不在工作时段内，那不妨试着调整一下，使二者同步。自由职业者则可以自主决定工作时间，不需要恪守朝九晚五，如果今天 12 点到 4 点、明天 5 点到 7 点这样的工作模式更适合你，那就按这个来。不做轮班或时薪工作的话,也不一定要每天工作满 8 小时,除非你对自己有工作时长上的要求。总之,忠于内心就好。

○ 向与你共事的人说明你的边界

不要一声不吭地就把聊天软件设为勿扰模式,毫无征兆地就在工作时间不回邮件也不接电话,要事先告知同事,好让人家有个心理准备。只有真正执行的、与他人沟通过的边界,才能称为边界;否则就只是自娱自乐,毫无意义。

把你的计划、需求和边界告知上司及相关人士。假如你在跟进一个大项目,你知道自己上午 10 点到午餐那段时间效率最高,因此希望这段时间可以不被打扰、不用参加组会、不回复对话消息和邮件,那么可以和上司和同事这样说:

> 嗨,朋友们!你们可能注意到了,我日程表上写着明天上午 10:30 到下午 1:30 要准备 Rainbow Capybara 公司的汇报演讲,因此这段时间内的会议可能没法参加了。另外,我会暂时关掉聊天软件的消息提醒,也不怎么看邮件,如果有急事(比如该演讲临时取消或材料有大变动),请电话联系我。当然,我会和平时一样参加上午 9:30 的晨会,完成签到,之后再开始这部分工作。

说清楚你什么时候有空、什么时候没空,解释清楚原因,说明有急事怎么联系你,做好这些,哪怕最严苛的上级恐怕也挑不出错。

如何进行专业的工作交流？

不管是线上办公还是线下办公，最能体现出企业文化的是员工的交流方式，包括交流平台、媒介和交流风格。有些公司主要通过邮件沟通，语气比较正式；有些公司发邮件都简明扼要，语气也比较随意，且大多选择"开个线上短会"来解决问题。有些公司日常交流都在 Slack 上进行，重要的事才发邮件沟通；一发邮件，工作群刷屏七十来条消息是常事，相关帖子还会在全公司疯转，非要争夺 CEO 的表扬和关注不可（呕）。

作为企业文化的关键部分，员工的交流风格和偏好都源自领导层。英国内衣品牌 Heist Studios 的谢丽尔·弗格森表示，管理层奠定了员工交流的基调，他们应该想清楚，自己希望听到员工怎样对自己讲话。"有的高管平时过于随性，结果收到的员工邮件也口气随便，毫无专业度，他们大感震惊，但其实是他们自己带头营造了这样一种随意的氛围。"她说如果你是个很忙碌的高管，只想要员工尽可能简洁地发信息，那一定要让他们知道这点。

合理高效的沟通有利于减少压力，防患于未然。你有没有这样的经历，你认为有更好的方案，但还是接受了别人的提议，结果一周之后悔不当初，心里默默吐槽同事，想："要是我问了 X，或和 Y 说清楚，我根本不会同意这事儿！"有时我们说了些无心之言，当下并未意识到有什么不对，直到几周之后恶果突然冒头时才幡然醒悟。有时我们感觉自己快要疯了，因为觉得自己和别人在跨次元交流，说得牛头不对马嘴。

也许是你刚好碰上了一个难沟通的对象，但如果你觉得和很多客户和熟人都难以交流，那么可能要停下来，找找自己的原因。

如果对方的回答没问题，但你却因为某些原因觉得受到了冒犯，气愤不已，可能是你代入了自己的情绪，过度解读了。如果对方确实敷衍不耐烦，不妨回过头来审视一下你自己之前的话——是不是哪里无意间显得怠慢了？有时，我们会掉入一个陷阱，自以为表现得既专业又资深，稳稳立起了女强人人设，实际上却显得很傻。没错，我就是在说，你的拿腔作调在别人眼里可能就是个傻瓜，很抱歉说得这么直白，但你还是早点知道为妙。

为了防止重蹈覆辙，我提出几条建议，不针对特定行业和工作，企业员工和自由职业者都适用。这些建议针对的是如何在工作场合与人进行专业的交流，才能不露怯也不显得蠢（这可以说是所有职场人的基本要求了）。

○ 不要问别人"能不能向你请教一下"

如果你想认识更多的职场大牛，或对仅见过一两次面的人有更深入的了解，那就直接言明你的来意。比如："嗨，阿达戈！很高兴在上周那场探讨气候变化对袋熊影响的会议上见到你，你的演讲太棒了。有时间一起喝杯咖啡吗？我想问你几个关于公司内部发展的问题。"直接说你想问的内容，表明你认识对方，提醒对方你们过往的交集，并且一定要有礼貌。

如果是向以前不认识的人请教，不要让人觉得你想免费咨询或偷师；如果对方地位很高，在网上粉丝很多，不要显得你只是抱着追星的心态，想和他们见面合影，然后晒到社交媒体上炫耀。

你希望得到什么帮助，直说就好。莉尔·朗兹（Leil Lowndes）在《遇谁都能聊得开》（*How to Talk to Anyone*）一书中写道，和人交往或有求于人时，不要回避"我希望从这场谈话中得到什么"和"你能从这场谈话中得到什么"这两个问题。

以下是几个反面案例，切记不要在刚认识或向人求教时说这些话：

错误示范：

嗨，萨拉！

　　嗨！我是布利特，我在 Ins 上关注你了，你还没回关我，但你应该听说过我创立的 Styling，最近刚上了杂志 *Red*，经常有人称我们为"萨拉的最强劲敌"，也许你看到 *Red* 官方推特上发的文章了？

　　总之我是你的忠实粉丝，超喜欢你的播客，我都想自己开一个了，感觉应该会挺不错的，而且我有些粉丝也一直叫我开一个。

　　我想向你请教播客做得如此成功的原因，以及你是如何靠做播客盈利的。我们应该见面细说，但我只会在这座城市待一个月，而且一般都很忙，要见很多客户，所以可能只有午后有空在 Soho 见了，但我相信我们一定能讨论出点东西来的！不久后见啦！

　　　　　　　　　　　　　　　　　　　　布某某

太尴尬了对吧？这人应该这么说：

正确示范：

　　萨拉您好，

　　我的名字叫布利特，我是 Styling 软件的创始人（附上官网链接）。

　　我是您播客的忠实听众和粉丝，最新一集您采访奥利维娅·科尔曼（Olivia Colman），聊到了虎鲸和钩针编织，真的发人深省。"萨拉的播客"出品，必属精品，我非常欣赏您的采访风格。

　　其实未来半年我也有开设一个播客的想法，主要是为了推广自己的品牌，不知道能否请您来咖啡馆见一面，我有几个关于做播客的具体问题想请教，主要关于您使用的录音设备，以及如何实现播客商业化。

　　我知道您的时间非常宝贵，所以我们很愿意配合您的时间安排。如果能够电话或邮件联系您的话，敬请告知。

　　同时，附上 Styling 软件的免费注册码，希望您能用上。

　　非常感谢。

布利特

当然，没头没尾地这样给别人留言，大概率不会得到回复，所以别抱太大期望。回复了那自然好，没回复的话，几星期之后可以再发一次，委婉地催一下。

萨拉：

　　再次问好！我想请问您有没有读到我前几周发的

邮件呢（见下方）？我知道您肯定收到过很多类似的请求，所有您没有时间回复的话，我也完全理解。

衷心希望您能喜欢 Styling 软件！

非常感谢。

布利特

如果还是没回复，平静接受就好，不要在推特上窥探人家，不要每两周就给人家发骚扰信息，不要跟认识的人黑他们，说他们"不帮助女性"。有时候人家就是忙，或者只是不习惯见面，不是针对你。

○ 宁愿尬聊，也不要一声不吭

不管你地位多高，能力多强，都难免遇到不回消息的人。就像《王冠》(The Crown) 第三季里，女王邀请约尔逊总统去巴尔莫勒尔堡，但他根本不回复。*无论你是谁，都免不了有被无视的时候。越是事业有成的人，越少遇到这样的事，所以一遇到就更令人火大。说真的，谁会不理睬英国女王的邀请啊？我们至少可以不做这种人，不搞这种无视对方的操作。我们可以改变这种不回消息的潮流！

做到这点真的很简单。如果对对方的提议不感兴趣，礼貌拒绝就好，不要用沉默回答，不要让别人想破脑袋来猜你的意思。与人为善，温和有礼，每封邮件都写规范，做到万一哪天它们被截图放到网上，你也无所谓的程度。（当然公开别人邮件

---

* 这不是史实，是电视剧加入的自创情节，但仍然不失为一个好例子，对吧？

这种事本身很恶劣。）

○ 别学领导写邮件，除非他们写得清晰又规范

不知道为什么，公司管理层在升到一定位置后，就开始不好好写邮件。他们的邮件成了各种缩写词句的大乱炖，好像短小而不修边幅的俳句，没有区分大小写，没有标点符号，语法一团乱，让人读着都来气。

比如，大家肯定都收到过领导发来的这种邮件：

> 明天需要，尽快。叫上卡勒姆

或者

> 不用，周一团队展示就好，谢了

以及我"最爱"的一个字冷漠回复：

> 嗯

整封邮件只有一个字，没有加任何表情缓和语气，还有什么比这更冷漠的吗？很多时候这种邮件根本没有实际意思，你不得不再次发邮件确认，然后觉得自己同样的问题问两次真是傻透了。

我会特别认真地回这种邮件，与其斗争到底：
领导的邮件：

> 明天飞巴黎，卡洛琳要演讲，具体到时候说

我的回复：

艾柯：

　　你好！去巴黎一切顺利！我会让汤姆记得带上卡洛琳的电脑，方便她到时候做演讲，那么就期待你明天带来更多消息了。

　　祝好

凯特

○ 尽量给领导提供解决问题的方法，而不是问题本身

　　关于如何给领导写邮件，我听过最好的建议是把重点放在阐述解决方法上，而不仅仅停留在提出问题。不要写两大段文字控诉同事如何不靠谱，导致演讲材料还没准备好，只要说抱歉不能按时完成，并保证明天下午2点前一定交上就行了。领导不想知道你做不完的前因后果，但需要向他们的上级报告什么时候能收到材料。如果真想知道原因，他们会直接问。

　　如果你非要让领导知道没按时完成是因为汤姆中午和客户出去应酬，耽误了三个半小时，还喝得醉醺醺回来，那私下另找时间说。

○ 太过理直气壮，绝非海纳百川

　　除非你真是女王（如果是的话，感谢您买这本书，陛下），否则不应该一副纡尊降贵的样子，好像你的时间比别人的宝贵，好像别人能与你共处一室是三生有幸。就算是女王本人也会有意避免这样对人。

　　不知是受 Ins 上有关"女性赋权"的励志语录影响，还是因

为所有人都在宣扬"姐就是女王",以新时代独立女性自居,抑或是为了摆脱所谓的"冒充者综合征",增加自信,现在许多人的为人处世都有点……过于理所当然了。

这就是我之前提过的"职场女强人"做派,我很清楚那种姿态,因为我自己以前就这样。我知道自己外强中干,表面的强势不过是因为内心缺乏安全感,又很自卑,不自觉地就会模仿周围人的行事作风。我总是故意显得自己很忙,做出一副别人没我不行的样子,看不起这个看不起那个,即使人家什么都没做错。我还专拣软柿子捏,故意对好欺负的人甩脸子摆架子,对自己心里真正不满但地位上压我一头的人,却连屁都不敢放一个。

别学我这样。特别烦闷的时候,我建议你学学布琳·布朗(Brené Brown)的心态,带着善意、感恩和同理心去与人交往。

哪怕你不想和某个刚毕业的新人喝咖啡,但4个月前你就答应了她,刚刚才突然记起这茬;哪怕你真的累坏了,没力气应付温哥华分部的视频会议,请好好跟人家说,带着最起码的尊重。

我好几次与人见面,对方都不知道我是谁,也不在意,或是不记得这次约见的目的,甚至忘了自己当初为什么会同意。每当这种时候,我会生气、郁闷,感觉自己不受重视。这一点都不好。

如果谁让你感觉自己什么都不是,默默记住,在心里存个档,不要去推特上发泄不满,咒他们不得好死。记住那种卑微的感受,以后见别人时,尽量不要让对方也尝到同样滋味。(而三年后,当初不把你当回事的那人逼不得已有求于你的时候,看着办吧。我不是教人记仇,但有时候吧,你懂的……)

就我的经验来说，真正有名/厉害/忙碌的人，都待人非常和善。那些恨不得全世界都知道他们有多忙、与他们见上一面有多荣幸，开会一半时间都在玩手机、频繁看表的人，心里肯定有点小九九：可能是想让你觉得他们很厉害，从而膜拜敬佩他们，也可能只是压力太大，平时并不会这样。不管什么原因，要记住问题不在你，而在于对方。

尽量精简，减少阻碍

○ **最大程度上便利对方，减少对其造成的麻烦**

请人帮忙，应尽量不给对方添麻烦，这样对方也比较容易同意。必要时，暂时调整一下你的边界，在心里过一遍可能发生分歧的话题。尽可能简洁、全面地阐述你的请求，但不要絮絮叨叨说太多细节。

如果你只是想约人见面，或咨询一个简单的问题，千万不要发长篇累牍的邮件，来来回回总也掰扯不清，没有什么比这更烦人的了。

因此，要预先规划，提前做好安排，主要有以下几点：

- 提出会议的时间、地点。
- 预订好见面的包间或线上会议室。
- 提供不同选择，方便对方任择其一，剩下由你全权安排。

· 事先确认重要信息：视频会议还是语音通话？打私人号码还是办公电话？线下见面的话，是否有地方停车？交通是否方便？

如果是约同公司的同事，也许他们的日程能在谷歌日历之类的应用上能看到。要事先查看，约在对方日程上没有安排的时间，而不是盲目按你自己方便的时间约。人往往不喜欢说拒绝的话，而更习惯同意别人，所以不要在明知对方日程表的情况下，还让人一次次说"我周四不上班"或者"我那个时候有会"。尊重别人的时间安排，人人都以自己的时间为先，没有理由以你为先。

之前提到过，提出邀约时，把这场谈话对双方的价值摊到明面上，可以促使对方同意。让对方知道帮这个忙对你来说有多重要，不要羞于启齿。如果你表现得像是随口一提，像已经问过二十多个人，对方很可能会不当回事。但如果你说只问过几个很信任的朋友，而且很重视他们的意见，任何帮助都珍贵无比，也许对方就会答应。

○ 不要临时取消约定

把会议安排得过于紧凑通常是行不通的，除非所有人都能按时参加，所有会议都能按时结束。不然安排得太满会让你焦头烂额，一整天都在赶场子，在会议已经开始后才姗姗来迟，一身臭汗，小声道歉着入座。

实在无法赴约的话，至少提前两个小时告知对方取消，越早越好，最理想的是提前一天。如果跟人约好了吃早餐，不要早上 6:45 才发邮件放人家鸽子,更别以为这样就完事了。要么按时赴约,要么打电话告知,要么前一天晚上就取消。等对方把自己从被窝里挖出来,已经快到地方了,你才突然爽约,没什么比这更让人无语的事了。

○ "我们还约吗?"

发邮件和对方确认"还约不约",给了对方一个绝好的机会回。"啊,其实……"你在给对方递台阶,所以要表现得机灵点儿。

要确认约定是否还作数,我见过最妙的方法是在约定日子的前一天发一封邮件:"我非常期待明天和您见面,这是我的手机号,以备不时之需。"简直完美。

这种方式很讨喜,既表达了对这个约定的上心、对约定对象的期待,又是一种委婉的提醒,甚至巧妙地堵住了对方取消约定的路,因为这时候取消,无异于辜负了来信者,让他们大失所望,毕竟他们"非常期待见到您"呢!另外,附上手机号码也是给对方行了便利,以免到时找不到人。现在我在赴每个约前都会发这样一条消息。

线上会议的奇妙礼仪

不管是在 Zoom、Google Meetup、Skype 还是 Microsoft Teams 上,开线上会议可比你想象的要复杂得多。如果你在科技公司或跨国公司工作，可能在疫情前就已经很熟悉线上会议了，因为公司本来就有远程员工。但疫情暴发以后，开线上会议的人数达到前所未有之多，这方面的礼仪规范也变得模糊不清了。

为了理清这一团乱麻，这里提出以下几点规范。

○ 安排一个尽职尽责的主持人

两人以上的会议需要有一个发起者，邀请众人入会，给每个人提前发送入会链接，附上会议流程，并说明会议在哪个平台进行，以及登录账号有什么具体要求。

○ 列出清楚明了的会议流程

会议主持人要把控流程。开场时充分介绍来宾，简述会议内容，过一遍会议流程（最好已经提前发给每位与会者了，并预留出问答时间），这样众人就知道讨论议题的先后顺序。甚至可以预定好每位嘉宾大致的发言时间，比如"为什么《正常人》（Normal People）第十集堪称经典——演讲者：伊丽莎白，演讲时间：十分钟"。主持人要事先告知嘉宾发言顺序，并在轮到他们时报幕邀请。另外，主持人要时刻记住，在视频会议上发言并非易事，因为要在没有预告的前提下出言打断，会让人觉得紧张。线下会议时，说话者在想发言前可以发出一些口头信号，比如较为明显的吸气声，但线上会议没有办法这样做。[4] 主持人可以在会议一开始就做出说明，比如"如果有人想发表看法，请直接开麦，线上会议比较难看到谁有发言的意愿，所以直接开麦即可，不用觉得不礼貌"。如果主持人希望与会者把问题和观点留到最后，也应在事先说明。这可能会感觉很正式，但适当为线上会议定一些规矩，会有助于减轻"Zoom 疲劳"。

○ 会前做足充分准备

视频会议不适合太抠细节。不像在线下会议室，大家集中在一起，带点小零嘴，在线上没人能集中注意力细听每一句话，即使大家共享着屏幕。所以我觉得要在会前至少 36 小时把详细内容发给与会者，方便他们找时间提前了解，按照他们自己的节奏通读。而会上的重点则应是讲者答疑解惑、回应担忧，听众给出或正面或负面的评价，充分讨论，畅所欲言，甚至可以来点总结升华，催泪煽情一波。

○ 时长不宜超过半小时

加上会前准备，整个会议时长不宜超过半小时。我自己是不喜欢开一个小时以上的会的，但线上会议特别难以集中注意力。已经有很多研究证实了这点，这也是为什么 TED 规定每次演讲不能超过 18 分钟。[5] 不过抛开那些科学证明，谁会想在视频会议前枯坐半小时以上？太累人了！开线上会议时大脑必须更加高度集中，因为沟通形式受阻，看不到他人的肢体语言和手势，画面中他人的表情也更难分辨，这意味着沟通中的大部分非语言因素都隔绝了。由于无法真正"观察周遭"，多人会议中我们会想要同时关注好几个人的表情，这对眼睛和大脑本身就是很大的负担。还有一个干扰就是，你在屏幕上看得到自己的脸，注意力很容易就从正在讨论的内容中飘走了。[6] 对于有神经类问题的人群，比如孤独症之类的人，视频会议势必更为艰难。[7]

○ "不好意思，我忘记开麦了！"

许多人低估了开麦关麦的重要性。只有两个人在开线上会议时，这倒不是什么大问题，但在多人会议中，看在上帝的份上，不发言的时候请关闭麦克风！没人想听你深呼吸，听你"咕噜咕噜"喝咖啡，听你啃指甲（我还听到过狗在后面的打鼾声）。同样，发言前请记得开麦。"不好意思，我忘记开麦了！"几乎成了 2020 年居家办公人士的口头禅（还有"看得到屏幕吗？"以及各种吐槽居家隔离的流行语）。

为了掌控好麦克风，戴个耳机比用电脑扬声器好，耳机不仅能隔绝外部噪声，还能防止不必要的响动传到会议里，比如讨论时记笔记或发邮件的打字声，以及用手调麦时那阵尖利的、令人抓心挠肝的啸叫。

○ "啊？要开摄像头吗？"

虽然名为"视频会议"，也不是所有视频会议都要开摄像头。会议主持人要明确告知参会者本次会议是否需要开启摄像头。开不开摄像头有很大差别，尤其是涉及敏感议题的重要会议。会议开始前说清楚，就能避免到时只有一个人开摄像头，尴尬呢喃："啊这，这是在干什么？"而其他人的小黑框里安静如鸡。同样，一天好几场会议都要开摄像头实在很累，所以如果只是小短会，只用语音就能说清楚的事（也就是以前的电话会议），也要提早告知。

○ **"看得到我的屏幕吗？"**

如果演讲时要共享电脑屏幕，或向客户或同事展示图像样本，求求兄弟们关掉消息提醒的弹窗。千万别让 Slack 或 Google Hangout 的消息跳出来，更别说收到的邮件或 WhatsApp 的消息了。关闭所有浏览器网页，记得检查一下收藏夹里的网页！共享屏幕时还有一点要注意的是，记住你正在共享屏幕。如果你在同事滔滔不绝时走神了，切记别一个冲动点开 Slack，发消息给熟人吐槽这个同事的发言有多无聊。（我见过这种事，真的是社死现场！）

大致来说，这些就是不在工作中惹人厌的方法

归根结底，设定边界，让工作有工作的样，这很重要，而怀着善意和敬意认真对待职业生涯中的每个人，也同样重要。对人常怀赤诚之心，希望别人怎么对你，你就怎么对别人。

有意识地去真诚待人，极大缓解了我紧绷的神经，也让我的职场生活轻松不少。当然，偶尔我还是会因为工作上的糟心事感到不适，冷汗涔涔，但长期来看，提出问题、下足功夫，能为你带来丰厚的回报，还会在意想不到的时候，为你树立起良好的口碑。

第五章

领导与责任

如何成为你从未遇到过的完美上司

如何在工作的时候不发疯

职场上流传着一种奇怪的共识：管理层是行业资历的天花板——开始管理团队，是职场成功路上的一大里程碑。但管理是门大学问。关于管理学的书籍浩如烟海，管理顾问、管理专家数不胜数，管理体系、策略、理论和方法多如牛毛，只是大多是语焉不详的狗皮膏药，都是唬人的。

即使你现在还不是管理层，甚至不认为自己有朝一日能成为管理层，也不妨读一读本章，也许将来便能事半功倍。本质上说，一名"优秀"上司具备的品质，与正能量榜样和领导人物相同。读完本章，你还会明白为什么你不擅长与难相处的上司打交道。说实话，我不认为做个优秀的上司是多么复杂的事，这甚至非常简单，但简单不意味着容易做到。

大多数时候，做一名好上司有点吃力，其余时候呢，做一名好上司吃力又不讨好，这让你忍不住怀疑人生："我到底为什么要干这事？"这也是为什么很多人选择更轻松的捷径，溜须拍马，巴结讨好，或者人云亦云，随团队大流，以此消弭自己的不安全感，而不是与人正面交锋。

做一名好上司，意味着没法欢脱耍宝，没法做受欢迎的好好先生，而要铁面无私，尽职尽责，时刻保持专业度；意味着要做出艰难的决定，并将之贯彻到底；意味着要给出逆耳忠言，直面棘手场面，棘手到你宁愿喝个烂醉也不想处理。总的来说，做一名好上司一点都不光鲜亮丽，有时还特别折腾人，但就像我说的，这同时也很简单。本章详细分析优秀上司的必备素质，说明如何缓解个中不适,还提供了一些有用的例子,方便各位了解什么该做,什么不该做。

但首先,很重要的一步是,弄明白为什么职场有那么多糟糕的上司大行其道,作威作福,把我们的职业生涯玩弄于股掌之中。

整个职场体系不利于"优秀上司"成功

我以前提到过,糟糕的管理层无处不在,不分大洋大洲,不论行业部门,这个问题非常普遍。我认为,主要原因有:

- 职业上升路径单一,成为管理层是成功和进阶唯一的标志。
- 在某个领域成为专家,并不意味就具备了管理层人才的能力。社会对这一点缺乏共识。
- 企业内部缺乏有效可行的管理层接替机制。
- 新老管理层都缺乏持续性的培训、学习和支持。
- 长期低估情商和心理健康对管理层岗位的重要性。

说到第一点,在我看来,以提拔为管理层作为工作出色的嘉奖,完全没有意义,但这就是现在职场的常态。擅长完成工作,与擅长管理团队,需要的是截然不同的能力。如果一个人有意向,最重要的是有兴趣,进军管理层,那再好不过了,立马安排他往这方面培养!如果志不在此,也不擅长工作之外的事，为什么要强塞给他一个团队，还以此为奖励呢？"拉妮，你圆满完成了下半年的目标！你的出色表现给我们留下了深刻印象，所以我们不是要发奖金哦，而是奖励你管理四人团队，每天给他们收拾烂摊子哦，恭喜！"平心而论，收拾别人的烂摊子这个说法不够得体，但如果你做过管理层，你就知道这样形容也不算太夸张。

　　管理团队，意味着不管成员的工作状态好坏，你都要把控全局，意味着每天回应成员的诉求，处理他们工作中实打实的细节问题。优秀的管理层不是每月见一次成员，跟他们说好好干，然后让他们自生自灭——只有最出色的员工才能让上司如此省心，但定期反馈和检查也少不了。管理团队极其耗费时间，确实可以说每天都在给好几个人收拾烂摊子，就像父母养孩子一样！但最后的回报也确实丰厚……这就是为什么大家没有太多选择，必须对管理"有兴趣"，不仅要做到出色，还要享受升职的快乐。

　　当遇到糟糕的上司时，你会对他产生不满和不信任的情绪，还很容易因此就否定他整个人，认定他就是个垃圾，是个不配当领导的废物，但也许这不能全怪他们。多塞特的人力资源专家金伯利·沃克尔（Kimberlie Walker）表示，她经常见到这样的事，人不对岗，管理无方，错不在当事人，而在公司，因为提拔任用无不由公司做主。她说无论哪个地方、哪个行业，无论规模多大的公司，其高层和她都会有这样的对话：

　　公司高层：好消息，我们提拔了罗达，现在她有五位直属下级了！

沃克尔：这很好呀，你们有对她进行什么培训或提升项目吗？她是否清楚自己的职责？

　　公司高层：当然有，上个月已经对她进行了工作评估。

　　沃克尔：好的，那么谁给她做的评估？

　　公司高层：没人给她做，就是让她填一张表格，然后让她好好适应。

　　沃克尔：好吧……那你们提拔罗达的具体原因是？

　　公司高层：这个嘛，她在自己的领域已经有二十多年的丰富经验，对该领域的一切了如指掌……

　　沃克尔：这能说明她具备管理团队需要的能力吗？

　　公司高层：呃……这个……啊这……（缓缓溜走）

　　说实话，这听起来很像我过去十年接受的那种管理层训练，虽然也说不上什么训练。突然跟你说："恭喜！这是你的团队，现在我们要对你做一个评估！这里有个表格需要填一下，填完之后和你的成员尬聊一下，告诉他们为什么没有给他们涨工资！祝你好运！"

　　沃克尔给聪明人的建议：如果你因为工作上表现出色得到了嘉奖，提拔你为管理层，建议你立马问清楚在新岗位上能获得什么支持，据此判断是否接受这次晋升。

　　Heist Studios 的谢丽尔·弗格森认为，培训新的管理者是一项非常艰巨的任务。我问她大部分公司会为新提拔的管理者提供什么样的培训，她精辟地指出，对企业来说，没有什么万金油式的两天集训课，把管理新手扔进去速成一下就能摸到门路。企业必须为管理者"提供源源不断的支持和专业知识"，尤其是对那些不太擅长管理的人。即使你有管理天赋，也未必就能成为优秀的管理者。她说："发掘天赋是一方面，有效发挥和运用天赋也很关键。"

有时候，即使特别积极主动地要求参加培训，也未必能得偿所愿。我采访过一位 29 岁的女性，她刚刚接手了一个两人团队，而且很快认识到了自身管理水平的不足。她对自己的能力非常清楚，还主动去找了几个适合自己的提升课程，报给公司的学习与发展部门。而后她被邮件告知，该部门并没有权限使用公司的培训经费，所以没法让她参加那些课程，也没有提出其他替代方案。

对管理层的培训没有提上日程或没有落实到位，多半是因为经费不足，否则企业没理由不提供。我采访的人力资源专家表示，由于培训投入的效益难以用数据衡量，董事会和财务部通常不太情愿拨款。他们会面临两个选择：一是将 1 万英镑投入市场营销，扩大客户群，投入产出数据一目了然，后期跟进也非常方便；二是将这部分资金拿去培训一群已经在岗的管理层。孰轻孰重，很难选。很多公司会选择前者，因为能够快速得到直观的收益，而后者的回报难以量化。投资市场营销有利于为公司创收，也更受董事会青睐，但对管理层及其下属来说，却是一种损失，这就形成了愚蠢的恶性循环。

什么样的人才是"优秀上司"？

我对每个受访者都问了这个问题，得到的答案有共性的地方，但也有不同的地方，这取决于回答者的资历、地位和个人的偏好。个人偏好这一点很重要，上司也可以是甲之蜜糖，乙之砒霜。回顾我这些年遇到的上司，我发现和真正离谱的比起来，有些上司真的不错了。当时我抱怨、失望，其实是因为他们不适合那个阶段的我。几年过去了，现在的我会更乐意为她们效力（我想……理论上应该是这样）。

大部分"优秀上司"具备一些相同的品质，但其表现出来的程度和频率则各有不同，因个人特性和所处的职业阶段而异。

根据我的经验和受访者的回答，优秀上司几乎都会具备以下品质（记得翻回前面对比一下"糟糕上司的特点"，比较两者，会得出有意思的发现）。

优秀的上司：
- 以身作则
- 言行一致
- 坚持计划
- 广开言路
- 从善如流
- 虚心认错
- 尊重他人
- 情商很高
- 善于观察，能抓到肢体语言，听得懂言外之意

- 具有共情能力和同理心
- 善于倾听
- 因材施管
- 有边界感
- 既好相处又很专业
- 对员工一视同仁，交往有分寸
- 知道何时应该"有人情味"
- 鼓励人人都划定边界
- 很有兴趣了解他人，善于和人打交道
- 喜欢和员工交流
- 善于换位思考，理解他人
- 能够记住重要的小事（比如记得员工有养狗，或家人在约克郡，并会询问近况）
- 对三件事毫不隐瞒：自己的工作量、公司相关的事宜、决策过程（比如工作评估的标准、薪资上涨等）
- 很愿意支持他人
- 鞭策你挑战自己，精益求精
- 很愿意提拔下级
- 给予员工充分的自主性，鼓励他们自信起来
- 是员工坚实的后盾

我刚被提拔为 BuzzFeed 的主编时，得到了一些很宝贵的建议。澳大利亚籍编辑西蒙·克雷拉（Simon Crerar）告诉我，以前有一位主编"永远是我们最坚实的后盾"，那是他遇到过的最好的主编。这句话令我印象深刻。那时我迫切想要挑起大梁，

担当大任,"做该做的事"。他的话令我豁然开朗,也对我的管理方式产生了深远的影响。我深信管理者要保护自己的团队,与自己的团队并肩作战,而在 The Pool,还要与自己的团队共同走向终点。(船长应该和自己的船一起沉没,不是吗?应该安抚船员,提供信息,尽力掌舵,而不是一头跳进高层专用的救生艇。)

莎拉·德林克沃特(Sarah Drinkwater)是奥米迪亚网络投资公司(Omidyar Network)的主管。她同样认为,管理者应该为团队提供坚定的支持。她说:"我希望我的团队明白,如果犯了错误,我们会复盘、反思,保证不再犯同样的错。但在团队层面上,我永远都会支持他们。庇护成员也是管理者职责的一部分。"

除了庇护团队,敏锐察觉问题的能力也是一大优势。另一位受访者,英国的海伦·麦克贝恩(Helen MacBain)说,她现在的上司比以前很多都好,虽然他常驻美国。(也许是这个原因?距离产生美?)她欣赏这位上司的坦诚和开放,会议上有分歧时,他不会一味为公司辩解,试图掩盖公司的疏漏。"会后他会私信我,说:'之后我们要加把劲赶上啦。话说刚刚那个会议真不对劲。'"总结一下,她认为这位上司让员工感觉"像一个智力正常、有一技之长的人那样受到了平等的对待和尊敬"。正是这点让他成为一位好上司。

得到上司一视同仁的对待,对每个打工人而言都很重要,尤其是对资历较高的老员工,他们会觉得受到了关注,觉得自己的经验得到了认可,从而更容易真心实意地接受管理——毕竟有时候上司年纪更小,或资历与自己相当,却能当上领导,要完全信服他们，心里总有一道坎要过。对我来说，既要给予每个人同等的尊重，又要根据不同的人调整管理方式，这点很重要。

19岁时，我在星巴克升任"值班总监"，那是我第一次"管事"。我要和形形色色的人打交道，他们性格不同、年龄不同、背景不同，当时管我的人给我了一条非常有用的建议："你不能用同一套方式去应付每个人。"他一针见血地指出了我一直以来的问题。教新来的17岁员工做事和请有10年工龄的47岁员工做事，二者的处理方式应该有所区别。这条建议非常宝贵，也让我无法直视曾经对待一些人的说话方式。

我还想说的一点是，"不擅交际"的性格并不是什么决定成败的因素，因为这完全可以假装。我就很内向，属于典型的"不擅交际"——这里说的交际对象是指一般大众，比如地铁公车上，或机场候机时的人（办理登记手续的长龙队伍是我的噩梦）。但我关注个体的情绪，即使与不那么喜欢的人，也知道该说什么话，该怎么避免冷场，所以虽然我从不会自称善于交际，但我觉得我善于管人。有时候，要想显得专业，就需要会演戏，这没什么大不了的。这甚至算不上"成功需要假装"，而是"你不得不假装"。我永远不会假装成为一个"心怀大爱"的人，这也没毛病！

心理安全：打造团队真正的密钥

要成为支持团队、开诚布公、有同理心的管理者，首先要创造一个支持团队、公开透明、让人有归属感的工作环境。建立心理安全就是关键一步。听起来有点玄乎，但其实很简单。要让团队中的成员感受到支持，充分施展才能，建立心理安全也是重要抓手，甚至是基础。

工作团队中"心理安全"的概念，最早在1999年由哈佛商学院教授艾米·埃德蒙森（Amy Edmondson）提出。她将其定义为"相信个体不会因为发表看法、提出疑问、表达担忧或犯错误而遭到惩罚或羞辱"。[1]她对一些医生和护士展开了调查，围绕什么样的团队更容易产生医疗失误，她发现"最好"的队伍犯错率更高。不是因为这些队伍技术不精，更易失误，而是因为这些队伍普遍有一种"坦诚的氛围"，因而更敢于承认错误，也更敢于提起犯错的经历。

直到加入谷歌后，我才知道了"心理安全"的概念。这不奇怪，因为正是谷歌使这个概念更加广为人知。[2]2015年11月，谷歌人力资源部门发表了一项研究，指出心理安全是优秀团队必备特质之首，其余特质有相互依赖、层级明确、沟通清晰。讽刺的是，当读到这份研究时，我所在的团队一个特质都没占，但这也说明，大公司整体的企业文化和价值理念无论多么先进，也未必能渗透到其下的每一个团队中。*

大致上说，如果团队成员都惧怕跟你（还有同事）交流，那你这领导做得也是索然无味；如果大家都不敢畅所欲言、分享自己天马行空的想法，那就没办法完成创新性的工作。心理安全可以说是高效率、高幸福感团队的秘密武器。

---

* 如果你是一名领导或管理者，不妨看看艾米关于心理安全的TED演讲，链接在附录，她就如何在团队中建立心理安全给出了许多中肯的建议。

小心"巨婴领导"

我认为，有人坐到一定位子后，比如行政主管，或自带光环的高管，就开始逐渐离谱了。而他们似乎坦然接受了这样的事实：为了升职，得到更多薪水、奖金、个人医保、认股权，并承受随之而来的更多破事和压力，他们心甘情愿放弃了合理表达感情的能力，放弃了共情能力，放弃了认真规划时间的能力。于是他们变成了"巨婴领导"，就像动画电影《宝贝老板》(The Boss Baby)中亚历克·鲍德温（Alec Baldwin）配音的角色。

几乎每个我工作过的公司，高管和那些顶层的领导都不按自己的时间安排走。他们都基本"不清楚谷歌日历的好用"，不知是年代问题还是技术原因，他们常常是一副没见过时钟和桌面日程的样子。别再告诉我"哦，我没戴手表"之类的鬼话。他们完全依赖行政助理来提醒日程，后者不得不像催调皮孩子上学的大人一样，追在他们身后："索菲娅！你的下一场会议 30 分钟后在大楼另一边开，现在要过去了，姜黄拿铁路上喝！你的包在哪？笔记本电脑装进去了吗？什么？不知道？哦，在那里！我检查过了！快快快，快走！"

我见过太多尴尬的助理领着他们的巨婴老板经过办公室，赶鸭子一样催他们去开会，不知道为什么，老板们永远不知道下场会在哪开。该吃饭了，该喝水了，甚至连自己团队成员的名字都需要提醒，而要是时间排得太紧或太松，可怜的助理就会挨批；要是没提醒他们公司食堂下午 2:30 就停止供应午餐，也是助理的错。简直不可理喻。姐们，您就是再忙、再重要，也没到这种地步，要让别人像仆人一样伺候吧？您又不是什么中世纪的女王，这都 21 世纪了，做个人吧。

我遇到过一位高管，这位绝对是个百年难遇的极品。他会突然玩失踪。当时我最怕听到的话就是："奈杰尔去哪了？"因为不知道为什么，大家总觉得我知道他在哪。但事先声明，我完全不知道他在哪！我们一瞬间都变成了名侦探（"那是他的外套吗？""不是，是他总是放在椅子上的毛衣……"），还会去查看他的谷歌日历，猜测他可能去哪儿了。他有时是去理发，有时是去打电话，有时是去酒吧。有一次他和 HR 给某员工开惩戒会议，却忘记设置成"私人"会议，可以说是相当不专业了。

说这么多，就是想告诉某些领导：像真正的成年人那样，做个能挑大梁的人吧。自己的日程安排自己负责，自己的事情自己做，需要助理搭把手当然可以（只要公司有足够的预算给你雇一个），但人一旦太把自己当回事，学大人物耍大牌，以致好像缺失了正常人的基本技能，那他们身边的所有人都会感到不自在。你不是玛利亚·凯丽（Mariah Carey）那样的明星，也不是 3 岁小孩，不至于如此。

请不要吼别人，也别让人吼你

我认为，好的管理者要能让人如沐春风，而不是战战兢兢。身居高位，别人对你有点发怵很正常，谁叫你是大老板呢。但你肯定也不希望别人一见你就吓得屁滚尿流，面对你的提问紧张得话都说不利索。进入某个房间时,你希望这里能成为你的主场。学学米歇尔·奥巴马(Michelle Obama)而不是阿兰·舒格尔(Alan Sugar),要激励启发人、给人留下好印象,而不是一进来,房间里就气氛骤降,灯光也蒙上阴影,好像你是穿着时尚大牌的漂亮裙子的摄魂怪。在你到来前,别人会说:"各位,爱丽丝从阿兹卡班飞过来参加我们两点的团队会议了。给你们个友情提醒:不要和她有眼神交流,不要靠近她身边,如果觉得生命力在逐渐流失,请举手示意,HR也同意了可以这么做。但至少坚持到她开始说本季度的KPI后再用守护神咒,明白了吗?很好!"

如果你注意到你在场时,他人显得不安或不自在,可能需要花点时间思考一下原因,即使这意味着要寻求团队成员的反馈。要找出原因,还得善于观察,足够敏锐,这不可能总是别人的问题。如果你觉得"别人就是嫉妒我,敬畏我",或"周围的人就是这么废柴",可能说明问题还是挺大的,你需要反思一下自己,接收全面的反馈。

我遇到过脾气阴晴不定的领导,一会儿炮仗似的冲下属发脾气,一会儿在会上当着所有人的面,语气轻松地辱骂下属。这种人很少见,但确实有。各位,求求你们千万别学他们。别像第一章里的领导那样动辄吼别人,如果实在气得下一秒就要疯掉了,实在是焦躁恼怒到忍无可忍的地步,可以结束会议,到外面去冷静一下,好好理清思绪。

不久前我有过类似的遭遇。团队中的一个同事对我发脾气,越说越激动,语调开始上升,语气饱含轻蔑与不屑。天啊,我完全听出来了。这对我来说还真是全新的体验,因为以前从来没遇到过这种情况。我一脸蒙，试图尽力安抚她，但感觉她一点也不尊重我，也不把我主编的身份放在眼里，当时我只觉得很无力。我本应该尽快稳住局面，终止会议，但我没有。我只是咬牙站在那里，任由她发飙暴怒，听她发泄对我工作的不满。我们两个都涨红了脸，只不过她是因为气愤，我是因为羞愧。事后我去厕所大哭了一通，想着自己当时应该怎么处理，在脑子里一遍遍播放那个场景。

我应该跟她说："我知道你意见很大，但这样吼别人是不对的，等你冷静下来我们再谈，现在先散会。请你离开办公室，到外面走一走，冷静一下，今天晚点我再来找你。"

我为自己当时没能这样说自责不已，直到那天睡前，这件事还在我脑子里盘旋不去。第二天，我告诉她那样对我说话是不对的，她向我道了歉。显然，她压力很大，昨天全都发泄到了我身上。没错，管理者应该解决问题、思考对策，但不应该被当作出气筒。有时仅仅因为一言不合或心情不好，就对人大吼大叫、诅咒谩骂，这是不对的。这件事之后，我俩彻底闹掰，但我还是在剩下的共事时间中做到了讲文明有礼貌。有时候，你所求的，也就只能是最起码的文明礼貌了。

这件事让我明白了下面的道理。

很遗憾，不是每个人都会喜欢你

作为管人的人，你布置任务，检查工作，你必须做这群人里最清醒的人，很多时候，这就是场灾难。

很多时候，你的团队会遵照你的决定，进而也会反对推翻这个决定，有所质疑，这些都是团队发展成熟的必经之路。你是团队的大家长，你所做的一切，都是为了他们好，即使他们有时并不领情。你要倾听他们的烦恼，在他们迷茫时尽可能温和地开导他们。（但这并不意味着，你要在他们发脾气时躺平任吼，必须要有底线。）

要想不白白浪费苦心，你最重要的筹码是成员对你的信任。即使他们未必认可你的决定，也要相信你有自己的考量。要建立起这种信任，要在他们面前展示出本章提到的"优秀上司的品质"；而要在重大决策上取得团队信任，以下几点很关键：

- 开诚布公，毫不隐瞒。
- 认真听取质疑和建议。
- 认真坦诚地回答问题。
- 不要人身攻击，不要用虚头巴脑的企业话术糊弄。
- 虚心承认错误，坦然接受结果不如预期的事实。

即使你不加隐瞒，坦诚相待，也赢得了成员信任，有时也会有在带一群大龄青少年，甚至是幼儿之感。有时你能感到他们恨透了你，心里挺难受，但作为管理者，这些都是难免的。

员工并不总能理解你，但你是不是真正关心他们的职业生涯，在乎他们的发展和目标，他们能感觉得到。比起说好听的话、在 Ins 上关注你、支持你的决定，他们知道你的真心更重要。也许他们不会说"天啊，你是我遇到过最好的领导"，但在你锻炼他们的能力，有意提拔或帮助他们突破自我、实现目标时，他们会心怀感激。也许他们没法次次都明白你的用心良苦，但重要的是你在背后，在他们不知道的地方默默支持他们，在别人面前回护他们，做他们的保护伞，为团队遮风挡雨。尽管有时要说些狠话，比如"哎呀，下个季度再不达标的话，我们就要集体失业了"，但永远要把对团队的责任和担当放在自我利益之前。

总的来说，朋友们，管理团队可真是超级有趣哦。

你可能会有管理层专属的"错失恐惧症"，但一切都会过去的

刚进职场那几年，我会因为团队成员不叫我一起吃午饭而失落难过，玻璃心碎了一地。我懂，我是他们的上司，谁会叫上司一起吃午饭呢？就算他们真来叫我，我也不会去的。这种局外人之感，也是作为管理层的辛酸之处。

这种无法融入之感，在管理者新到任时尤为明显，尤其当下属还是平时和你走得比较近的人，甚至是朋友时，会引发各种问题。不过只要设定清楚的边界，事先规定好工作时能聊的话题，一切问题都会迎刃而解了。（是的，又是设定边界！）但不管怎么说，要习惯管理层的这种"错失恐惧症"总归不容易。

就好像你突然被扔到了一片奇异的大陆，周遭的同行者渐渐稀少。对于年轻的管理者而言，由于资历尚浅，恐怕很难与

其他同级的管理层混熟。由于会接触到一些机密，很多事你不能随便和人说，在职场上可以分享日常的人也少了。没人听你吐槽年终评估，炒掉某人时没人听你倾诉紧张不安的感受，这真的真的是太惨了。

高处不胜寒的孤独、孑然一人的寂寞，都是管理者必经的苦，最终你会与很多人渐行渐远。这就是升职根本不是奖励，也不能代表成就多大的一大原因。

还有一大原因是，工作量多且难度大。你甚至连借酒消愁、大吐苦水的自由都没有，因为你的团队也很经常去那家离公司最近的酒吧，而你根本不想遇到他们！

要缓解这种"错失恐惧症"，与其咬紧牙关硬扛、打碎了牙往肚里咽，不如找一个与你同级的人，其他团队的也没关系，这招真的很有用。你们可以时不时一起吃午饭，交流一些奇闻逸事，互相提点建议。或者去传统的社交媒体上找找同伴，上面有各种群组，有很多和你职位相当，但不在同一家公司的人。* 如果想听听同公司的人对你团队的针对性意见，不妨去和其他同级管理层，甚至是你自己的上司聊聊。还可以搜罗一下相关的职场人资源群，比如常见的"励志女强人"组，这些群组虽然名字和标志离谱了点，但有不少职场干货，关键时刻可以江湖救急。

---

* 虽然这时不应煞风景地强调，这个过程中不宜泄露公司和员工的任何信息，但我还是要说。

尊重每个人的时间

这点属于"不做巨婴老板"的要求。除了不过分依赖助理，不要把工作日过得杂乱无章，不要动不动错过会议，或约定时间过了五分钟才取消安排，因为你不知道别人为此花了多少时间，你不知道别人鼓起了多大勇气才准备好来见你，也不知道辛辛苦苦准备了那么久的事最后泡汤是多么令人失望。

无论什么事情，尽量不要迟到。不要一直更改时间，或动辄爽约，尤其是与下属的一对一谈话，因为这真的会让他们很失望，如果是讨论什么敏感内容的话，还会让他们觉得你在有意回避。为他们腾出时间，像他们尊重你的时间那样尊重他们的时间。

对别人的焦虑和不安全感要多留意。比如，如果把一对一谈话的时间改到周五下午 5 点，大部分员工（包括我）会忍不住多想，觉得这个时间最方便让他们收拾东西滚蛋，或者是要告诉他们什么坏消息。如果预判到他们会因此焦虑，可以在约定时间时附上一句解释："不好意思定得那么晚，但我只有这个时间有空。"

如果你管理的是远程办公的员工，或位于其他国家和地区的员工，更要好好做到以上几点。安排会议时间时要按照他们所在的时区，让他们方便，而不是按你自己的安排走。尽量让他们参与团建活动，可以把活动都改到线上进行，方便照顾到不在线下或本地办公的员工。要管理平时见不到面的人不容易，因为没法知道他们的表情、肢体语言等，没法听到他们工作之余的闲聊,但管理者还是可以一视同仁,给予他们同等的关注。比如更经常与他们联系,询问他们的近况,了解他们平时的工作方式、最适合的工作方法,等等。要学会问开放式问题,给足对方谈论自己和工作的空间,而不是单方面输出,描述自己脑补中的对方的工作状态。

惩戒与批评

　　惩罚下属,以及给出负面反馈,无疑是最令管理者头疼焦虑的事了。

　　很多书都讲到这个问题,并提供了五花八门的方法,用上了各种复杂的表格和图形,层层嵌套,令人一头雾水。这一套一套的方法也许适合用于专门从事培训的人或新手管理者身上,但实在是过于"劝退",我觉得大部分都过分复杂了。我曾经花很多时间记那些方法里说的步骤,记那些套路,记对方如果这样回答或那样回答,下一句要怎么接。模拟场景和角色扮演倒是能帮助记忆,但一般都很尴尬,而且与真实情况相去甚远。

　　对于如何处理这种场面,我很难给出什么具体的建议,因为不确定因素太多,尤其是在惩戒员工时,必须得看情况随机应变。因此,我只给出一些基本的准则和注意事项。

　　首先,新任管理者可以与直属上司和领导班子的其他人讨论一下,询问他们进行此类谈话的经验,还可以问问他们愿不愿意到场,权当给你撑场子了。

还有一点很重要，如果要进行处分，可以去请教人事部门主管，确保你说的话和采取的措施合法、合规、合理。他们会给你一些实用的建议：该说什么，不该说什么，哪些禁区别碰，等等。很多情况下，人事主管应该在场。

本书前面关于"进行高难度谈话"的建议，在这里仍然适用，但同时也要尽量做到客观公正，体现同理心，释放善意。

要平衡一下，不要一直抓着不足之处讲，也要适当表扬员工的优势，表扬可以中和受批评的打击，不至于让员工觉得自己一无是处，是个彻头彻尾的废物（呃，除非他们真的是）。

展示同理心和善意并不意味着粉饰太平，甚至说谎隐瞒，而是指用合适的方式清楚直白地点明问题。直白和体谅，二者可以共存。比如："克里斯，你并未达到我们之前说好的年度销售目标。数据汇总已经出来了，你的销售额比预期低了40%左右，这个差距还是比较大的。所以，你这半年的绩效是2.5，评估结果是'有待改进'。我知道这个结果不太好，我给你解释一下这对你现在会有什么影响，我们一起想办法，争取下次评估拿到'超额完成'的结果，好吗？"

试比较："好的克里斯，你这半年的绩效是2.5，属于'有待改进'，在整个团队里你的销量是垫底的。我必须说，大家都对你这半年的表现很意外，也很失望。我不知道是什么原因造成的，但希望你下个季度好好调整，好吗？"

有一点很重要，工作评估不佳没关系，但应该让员工本人心里有数。当上司给出负面反馈或低绩效分时，如果当事人觉得意想不到，挨了当头一棒，那么可能就有问题了。我在工作中只有一次拿到很差的评估结果，而且我当时很意外——又是来自我们的便条女士！我知道她不太喜欢我，也不太认可我的工作，但我真的不知道是什么原因影响了评估结果。看着那惨不忍睹的绩效，拿着那份又臭又长的文档，通篇是上司和一些同事对我的批评，我又惊又怒。

当然，当时情况很复杂，而且已经持续了一年多，最终我被踢了。但作为员工，对于自己工作得怎么样，你心里必须有数，至少每周要得到一点反馈。工作中存在任何问题、上司有任何意见，员工本人必须知情。最重要的是，上司应该站在员工这边，聆听疑惑，提供意见，帮助他们克服困难。不应该让员工自己在那里毫无头绪地猜，只能徒劳地期望下次评估有好结果。另外，也不要让员工觉得上司会轻易相信别人说的闲言碎语，而自己必须出来澄清才能平息流言。

危机管理

新冠疫情日益猖獗之际，受到冲击的公司纷纷启动全面应急模式。安顿感染的员工，转到线上办公，解决其技术操作问题，安排停薪休假，裁员，裁撤部门，甚至整家公司关门倒闭。短短一段时间里，疫情步步紧逼，经济一落千丈，全球企业领导层被迫处理前所未有的局面，而且不存在一劳永逸的解决方法。

但无论形势如何，危机管理都是对管理层能力的检验。没有什么"如何在全球疫情中管理公司"的指南可供参考（不过现在应该出版了不少），但危机状态下还是有些事需要注意。

开诚布公。如果有些问题暂时拿不准该怎么办，那就先公布已经确定下来的方案。坦率告诉员工，你也觉得压力大、迷茫和担忧，但不要忘了，从工资、职业稳定程度和总体条件来看，你作为上司，毕竟与员工不同——后者随时有下岗风险，在这种不太平的时候，还要做好为公司牺牲的准备。假如你是某公司的 COO（首席运营官），要向员工宣布裁员 300 人的决定，你说自己"难过不已，失眠了一整个月"，但别忘了，你此刻正舒舒服服地待在肯辛顿大公寓里，穿着 250 英镑的帽衫，戴着苹果耳机，用 iPad 上的 Zoom 宣布这个消息。

密切联系。在危机中，如果你没有能适当增加沟通交流，其他人会自觉填补这个空白，会冒出各种各样的谣言，谣言越传越广，越传越离谱，事态很快就会发酵甚至失控。因此，除了做到开诚布公，还要保持密切的沟通。哪怕只是说没有任何消息，这种坦率的交流也会更让人心安。难免有人会吐槽你特地开了个会却什么有用的信息都没说，但比起因为不想尬聊就人间蒸发，彻底与员工断联，让他们因为没有"有用信息"而吐槽两句肯定要好得多，毕竟后者不是你的错，而前者则百分之百是你的责任。

做个有人情味的上司，展示你的共情能力。裁员或停薪休假的消息发布，关于财务危机的谣言甚嚣尘上，关于企业丑闻的风声越来越大，这些都很容易引起恐慌，导致感性情绪占据上风。在这种情况下，人们很难保持冷静，维持常态，这是人之常情，应予足够的尊重。正常地和他们讲话，不要发什么管理层的谈话录音，或者挂什么政党标语（比如"保持警惕！"）。尽量坦诚相告，不要支吾遮掩，如果不能毫无保留，就把当下能说的都诚实以告。学会展示你的共情，训练正念倾听，让对方知道自己的声音被听到了，并产生了影响。疫情期间，我的上司每周开始和结束时都会开一个线上会议（为萨姆点赞！），主要是为了了解每个人的情况，不一定谈工作。我们会怀念童年玩具"波利口袋"（Polly Pockets），会在名为"康奈尔的项链"（Connell's Chain）的 Ins 账号里笑得眼泪都出来。这些会议证明了，生活中有很多比客户要求更重要的事，同事可以让我们暂时忘记现实的苦难，可以在动荡不安的日子里成为我们的支柱，对我们而言，这意义非凡。

公开发言前请三思。尤其是有关公司的谣言在社交媒体上疯传的时候，你可能会很有冲动在推特上写篇小作文澄清，或发 Ins Stories 刷屏，认为反正 24 小时之后就会自动消失，发什么都没关系……然而，互联网是有记忆的。反过来说，如果你是公司高层或是业内知名人物，不回应谣言可能反而会对公司不利，这种情况下就不必保持沉默了。并不是只有激情回应和闭口不言这两个选择。最合适的方法是发表得体真诚的公开声明，不过可能需要公关团队和同僚的帮助。不管什么时候，保持冷静永远不会错，要选择最万无一失的处理方法。如果你正深陷危机中，就不要去看社交媒体了，那只会给你添堵，对解决问题毫无用处。

向职位相当的同僚寻求慰藉，而不是去找下属。不管你有多想向你的团队倾诉委屈，和他们不醉不归，最稳妥的方法是先帮他们付账，然后让他们自己喝。处境艰难时，最好让他们有自己的空间互相倒苦水，哪怕他们再爱戴你，你的在场还是会让气氛变得微妙。哪怕你为人再坦诚真实，还是不能忘记你的身份。团队成员不会想看到自己的上司在酒吧崩溃痛哭,去找与你同级的人哭吧,记得去另一家酒吧。

通知员工失业,真的很可怕

大多数领导,当然是那些情商高、有共情能力的领导,打心底里不想让任何员工失业,这多半是万不得已的最后一步。如果有些员工的行为实在是让人无法忍受,唯一的选择就是开除他们。如果是因为岗位冗余而裁员,也同样棘手(除非他们不要工资),因为他们失业不是因为个人问题,而是出于公司考量,比如工资预算、结构调整等等,而这些决策通常来自企业金字塔顶端的人,下面人没有发言权。总的来说,这真是一场灾难。

我做领导的时候,曾经裁过几位员工,也开除过一些,所有过程无一例外都漫长又紧绷、程序烦琐,所有相关的人都不好受。

有一次,我到任新岗位的第一个任务就是对现有团队洗牌重组。告诉你们吧,刚到新公司就要裁掉干了好多年的老员工,以这种方式让人认识自己,这可一点都不好玩。重组也并不代表团队就稳定下来了,有时候为了长远发展,大的变动在所难免。

其中一位受害者把裁员的消息传开了,公司众人反应激烈,群情激愤,让本就难办的局面雪上加霜。大家对我的行为感到气愤、震惊，甚至是憎恶。谁给我的勇气说他们的岗位是多余的？也许是我自己给的吧。我不指望他们会轻易接受这个决定，也不期待他们能理解，但他们暴风骤雨般的怨愤还是对我造成了重创。虽然在那家公司只待了很短的一段时间，但这位受害者骂了我很多难听的话，我不得不读他们的律师给我写的信，里面满满的威胁意味。我知道就公司和团队未来发展而言，我的决定没有错，但这位受害者看待这件事的方式、在离职咨询会上对我说的那些话，完全超出了我的认知，我必须全程紧紧咬住嘴唇，才能尽量保持专业态度。而在那场宣布裁员名单的会上，我发现在场帮我的人事部代表喝茶的马克杯上，赫然印着"并无歉意"（SORRY NOT SORRY）的花哨字体。幸好没有其他人发现，但我真是尴尬至极。

作为上司，裁掉冗余员工真的很难，但一旦做过一次，你就知道个中滋味了，就有经验了，下次就不会这么狼狈了。有一次我和一位新晋管理者一起发布裁员通告，他在职业生涯中第一次做这事，不安又害怕。开会宣布后，他一直说："天啊，我不敢相信我真的做了这种事！他们接下来怎么办呢？他们会不会有家庭要养？我感觉好愧疚！"从他的话里可以看出，他这种反应并不是真正出于对员工的同情和关心，而是出于自己的负罪感和不适感。而说实话，如果没有办法控制好自己的情绪，做出符合公司利益的艰难选择，恐怕他以后也无法晋升到很高的位置。其实我觉得他不停地说"天啊，我好难受"这种话是毫无意义的。

失业对每个相关的人来说都很糟糕，原因各有不同，但比起宣布这个消息的人，毫无疑问最痛苦的还是被裁的人。裁员时，公正合法、有人文关怀的公司都会给下岗员工一笔遣散费，并尽量帮助他们找到下家，在他们走时提供尽可能多的福利。做到人性化考量，是裁员方最大的善意。开公司，做领导，有最大的权力（领最多的薪水），就不可避免地要裁人，就不能被这种事吓退。也许对你来说很艰难，但很抱歉，这就是世界的游戏规则。当然如果裁员程序不合法，原因不正当，或者告知方式欠妥，那只能说，你是个冷酷无情的混蛋。又比如你突然毫无预兆地停发薪水，也没和供应商结账，不仅不承认隐瞒公司债务情况、积极改正错误、寻求解决方案，还躲在律师身后，像灰溜溜的老鼠一样连夜跑路……当然我只是举个例子。（没错就是我自己的遭遇。）但如果你站在公司利益的角度去做选择，提前给员工打预防针，那你就是称职、有人情味的领导，是真正为公司和员工在考虑。毕竟事已至此。

行动起来比群发邮件有用

为团队开设"消除无意识偏见"的培训课程，参加"多样性和包容性小组"，庄严宣告公司和领导对无歧视的重视，这当然是大家都喜闻乐见的好事。甚至还可以设立"多样性和包容性主管"的职位；给公司上下群发邮件，强调你的包容立场；发推特呼吁减小工资的性别差距；在办公室庆祝国际妇女节……但这一切都比不上切实的行动。你的行动就是你的语言，就是你表达的方式，是团队可以实实在在看到的东西。

你是否口口声声说支持"黑人的命也是命"（Black Lives Matter），支持更多样包容的员工队伍，但招进来的还是异性恋的白人直男直女，还推脱说"这个行业很难招到其他的群体"？你是否在办公室里放彩虹标志的物品，还要以公司之名赞助一辆彩车，去参加当地的 Pride 游行，但在指代团队中的非二元性别者时却用错"她"和"他"，即使员工多次提议，也没有把公司厕所换成男女通用式？你是否标榜自己是女权主义者，自称经营着"女权主义公司"*，但内心深处却厌女又善妒，没法给予出色女员工同等的尊重？你是否宣称不歧视有精神问题的员工，却从没想过帮他们融入职场环境？如果答案都是肯定的，那么你并没有真正做到包容和不歧视。你真正的代言人，是所有这些行动，是那些脱口而出的话，是招聘员工时有意无意的选择，是你优先处理的事项，以及你团队的文化氛围。

身为领导，认真严肃地讨论多样性、包容性、尊重和平等是你的职责所在。要对不了解的事保持好奇，在探寻这些问题时，不要害怕承认自己的无知，承认既有观念的脆弱。虽然我在谷歌时与某个团队有些摩擦，但我必须承认谷歌在多样性和包容性上的培训非常出色。印象最深的是，一位年长员工分享了他是如何慢慢理解跨性别、土著和有色人种的同事，如何一步一步改掉军队里养成的一板一眼的待人方式，最终明白提问和示弱（示弱而后勇敢面对）的重要性，养成了开放的思想观念。

公司里接触这些方面的机会可能不多，那不妨主动去寻找机会。网上有很多相关资源，图书有《为什么我不再和白人谈

---

* 特此告知，不存在这种公司。一家公司可以有女权主义的领导，可以宣扬女权主义的价值观，但公司的本质是资本主义，而非女权主义。

论有关种族的话题》(*Why I'm No Longer Talking to White People About Race*)，播客有"Nancy""Getting Curious with Jonathan Van Ness"，YouTube 上还有 Franchesca Ramsey 的频道，这些都可以帮助你深入了解不同人群的生活。*

要记住，你的团队和同事会看到你招聘什么人，会看到你如何对待特殊背景的人群。做一个"好上司"，更进一步说，做一个"好人"，不要仅仅停留在口头，更要用行动去落实；对于你真正看重的价值观，不要只是长篇大论，而要在日常工作中身体力行；不要总是期待改变，而要成为那个改变。

总之，做个善良的人

以尊重和善意待人，做个有人情味、有边界感、有原则的人。记住，这是工作，虽然有时感觉挺像，但你不是谁的爹妈。做个坦诚的人，哪怕有时这很尴尬很难办。宣布裁员或开除名单时，你要在场，要关心那些失去工作的人。做个成熟有担当的人，做个真实的人，遇到难题时，你可以找人诉苦，像每个普通人一样。

很久以后，原本的员工换了工作，他们不会记得曾经的工作指标和业绩，不会记得你们无数次一对一谈话的内容。但他们会永远记得你带给他们的感受，记得他们从你身上学到了什么。不必完美，但请尽力做好。

---

* 详情请见本书资源附录。

第六章

真实自我和心理健康

在职场中『做自己』的迷思

如何在工作的时候不发疯

我永远不会忘记，第一天到谷歌上班时，公司开了一场盛大的迎新会。我坐在几个新来的合同工和全职员工中间，听一位女领导在台上侃侃而谈，诉说着在一家鼓励员工完全做自己的公司工作有多么幸运。

在工作中做自己。

当时，我觉得这太棒了。对公司来说，我们是实实在在的人，有情感，有思想，有个性，这太好了，我想。天啊，我等不及要在工作中做真实的自己啦！

经过了这些年，如今我会建议你：下次一听到有人说"在工作中做自己"，请你的大脑自动拉响警报，就像《星球大战》（*Star Wars*）里阿克巴上将（Admiral Ackbar）那样，大喊："这是个陷阱！"因为，我的朋友，这真的是个陷阱。

本质上说，我不认为谷歌或者其他这样说的公司是在撒谎，相反，我觉得这些公司是真心希望你做自己，其他说这话的人也一样（"做自己"是 TED 演讲和各类书籍的高频用语）。问题在于，他们都不明白，所谓"在工作中做自己"到底意味着什么，要解决这点，首先要定义什么叫"做自己"。

说好听点，"在工作中做自己"的核心，就是把员工的价值观，也就是他们看重的东西体现到工作中，还有他们的性格、弱点和优势。这表示公司不希望员工把自己的独特之处隐藏起来。在更前卫的公司，这意味着对心理健康问题、多样性背景的包容。公司不想要同质化的员工队伍，不想要一群没有私人生活、个人风格和情绪感受的机器人。从这个意义上说，我觉得这很好。我很喜欢"全心全意生活"的说法，对此布琳·布朗在她的有声书《脆弱的力量》(*The Power of Vulnerability*) 中进行了详细阐述。我毫不怀疑公司应该将员工视为有血有肉的人，倾听他们的意见，包容他们的肤色，尊重他们的品格，因为正是这些使得公司不断发展壮大。

但是……（这个但是很重要。）当公司宣扬"在工作中完全做自己！"时，还有很多隐含的内容没说。他们真正的意思是，你可以在工作中适当体现一些你个人的看法，前提是符合法律、政治正确、正常合理，我们对你那些过于奇怪艰深、复杂疯狂的想法完全没兴趣，也不知道如何应对，大家都是聪明人，表面和和气气最好。

鼓励员工把完整的自己带到工作中，假定了所有"完整的自己"都阳光健康、干净清爽，都适合在职场生存，而真实情况是，绝大部分人的内心都有阴暗面和缺点，每个阳光迷人的特质背后，都潜藏着相应的混沌和冲动。我们都是复杂矛盾的生物，注定有光亮也有阴影，有高光也有低谷。

要求某人在工作中展示出完整真实的自我，就好像邀请吸血鬼进入你的房子——你永远不知道下一秒会发生什么。（等待你的是艳遇还是悲剧？你会被吸干血吗？谁知道呢！）说得更直接点，这很天真。就好像对公司来说，员工的"完整自我"最多也就是喜欢同性，每周四要早退去看心理医生，或者得过抑郁症但2011年夏天在巴厘岛学会了冥想，从此痊愈了。就好像你所有的挣扎、混沌都已经过去，现在没有，将来也不会发生，公司无须为你提供支持。

公司不希望员工说自己是右翼极端活动组织的一员，或假期会去参加打猎，或患有精神分裂症，在心理医院待了一年，或者在某个周末曾经试图自杀。公司不希望知道你的慢性病有什么副作用，你家里还有个残疾兄弟要照顾，你现在在打争夺孩子抚养权的官司，即使你找到了上帝，他们也不想听你讲伟大救世主耶稣基督的故事。

我们"完整的自己"意味着一大堆五花八门的问题、病症、信仰、行为和性格，而公司（勉强）愿意接纳的只有其中很小的一部分，也只有这一小部分（还算）适合职场。另外，"完整的自己"很脆弱，就像《哈利·波特》最后一部电影里婴儿形态的伏地魔，赤裸裸，不设防，发育不完全，很容易吓到别人，实在不适合就这样暴露在公众眼前。我们只会将这样的自己展示给最信任、最亲近的人，他们值得这样的袒露，也会回以最大的善意和尊重。不必将这样的自己带到办公室，不需要让上司和同事看见，让心里那个小人好好地躲在国王十字车站的长椅下，工作时不必让他陪你瑟瑟发抖，不必把他摆到桌面上，让众人都来围观你的脆弱："快看啊，朋友们！这就是折磨我的恐惧，我害怕自己能力不足，害怕自己怎么努力都不够好，我一直觉得是因为我不够好，妈妈才在我 4 岁的时候就抛下我和弟弟。哦，我说得差不多了，你们的周末怎么样？"

公司的人绝对没必要，甚至是不配知道这些私密的事。因为他们会怎么做呢？他们不会像爱人、朋友或负责任的心理咨询师那样支持并开导你，他们不能帮你走出来，也不能治愈你。职场竞争激烈，整个生态错综复杂，很多时候甚至是畸形病态的。咨询师凯特·霍根（Kate Hogen）告诉我，在不良环境中，暴露弱点是很危险的。（记住这点，用笔记写下来，如果工作环境不利，不要展示你脆弱的一面，这很危险！）天知道别人会拿你的隐私去做什么。如果你只是随口问了一句"周末过得怎么样？"对方就开始讲自己过去的创伤，你会怎么样？你内心一定会疯狂尖叫：我的天啊！太尴尬了！我不想知道这些！我现在只想离开这里！这就是很尴尬，这些事真的不适合在公司说。

公司和上司根本无法承受员工完整的自我。希望未来，随着心理健康意识的觉醒和相关培训的普及，这种情况能有所改变。疫情期间，人们对心理健康有了更加深入的了解（比如明白了每个人都有着复杂的情感），希望这种现象能持续下去。但就现阶段而言，公司就是容不下员工"完整的自我"，所以不要再被这种话术欺骗了，公司没法让你完全做自己，也不会让你完全做自己，即使真的可以，那也不是什么好事。

在我看来，只把 60%～75% 的自己带到工作中就行，但我完全同意"在工作中展示全部的自己"这种说法的核心理念：真实性。我认为真实性是职业生活中极其重要，也是最难做到的部分。既要做真实的自己，又要控制自己的情绪，尤其是敏感的情绪，也就是说达到两者之间的平衡，这很难，但这是可以做到的，这个过程可能不太自在（说真的，其实就像本书副标题写的那样）。

而本章的目标，是要帮助你调节好心理健康，教你在工作中管理好情绪，有意提高你的适应力和克制力，让你在这个过程中能保持真实的自我，同时避免交浅言深，暴露过多弱点，也不必承受"在工作中做自己"的恶果。

我坚信，在职场中，你就是自己心理健康的守护神，别人不能、不会、也不应替你操心。那么，一起让自己"不自在"起来吧！

在职场中处理心理健康问题的辛酸真相

我们不是机器人，虽然我不认同将百分之百的自己带到工作中，但没人可以将思想、心理和情感全部都留在家里，也没必要这样，而且，除非你像《黑客军团》（*Mr. Robot*）中的艾略特·奥尔德森（Elliot Alderson）那样，患有严重的解离症，这基本上也是不可能做到的事。

我们都知道，心理健康是个人身份的一部分，心理疾病和心理状态不佳是两码事，有很大区别，但很多人把这两者的术语搞混了。关于这个，记者娜塔莎·欣德（Natasha Hinde）在《赫芬顿邮报》（*Huffington Post*）[1]上发表过一篇文章，很好地解释了各类专业术语的区别，谈到心理健康时，外界常常误用或混用这些词。

心理健康也称为"情绪健康"（emotional health）或"幸福感"（well-being）。

而心理健康问题（mental health issue）是指人长期表现出不良情绪的症状，比如流泪、生气或焦虑，而恐慌或焦虑发作（panic/anxiety attacks）以及抑郁症状也属于心理健康问题。好消息是，心理健康基金会表示，大多数有心理健康问题的人都能继续正常生活，或恢复到健康状态。至于恢复的速度和方式，部分取决于个人的心理承受能力以及意志力，而心理承受能力和意志力因人而异，受到基因和环境的影响。

当心理健康问题影响到正常生活的能力、工作、人际关系和社交生活时，就成了心理疾病（mental illness）。一个名为"职场心理健康"的组织规定，所有"影响人思维和感受的症状"，都可以统称为"心理疾病"。

心理疾病包括进食障碍、抑郁症、强迫症、双相情感障碍和精神分裂症。分清这些名词的区别很重要，如果混淆了名称和对应的症状，会给人们进行相关的讨论和了解添不少麻烦，尤其是在职场。

我和《当你悲伤时请记住》（Remember This When You're Sad）一书的作者玛吉·凡·艾克聊过职场心理问题，她谈到自己曾任职于一家荷兰公司，该公司把职场心理健康作了一个比喻："如果你是足球队的球员，但是腿断了，教练不会把你踢出球队，只会让你先在场下观战。"所以如果你在工作中有心理问题或心理疾病，没关系，公司不会把你开除（踢出球队），但你需要暂时休息调整（场下观战），待你恢复后，就能继续工作了（回归球场）。

这个比喻引起我很多思考。一方面，它让我们以更简单、更平常的方式看待心理健康问题；另一方面，我和玛吉都觉得它忽略了一些关键部分，比如，为什么会摔断腿？是教练对你太严格？是对手弄伤了你？你恢复的时间够吗？团队有安排专业的理疗师帮你复健吗？

公司并不擅长处理职场的心理健康问题。虽然近来出现了不少相关的新组织，比如"职场心理健康"，很多公司也着手培训心理健康急救人员，但我觉得这些多是治标不治本，只能临时救火（以及防止公司被告）。有的公司在应急方面做得很好，比如当员工焦虑症发作时马上有人急救，但却不愿整顿混乱的企业文化，哪怕这正是引发焦虑的根源，也是管理层每天处身的环境。而且尽管如此，我敢说大多数公司并不知道如何帮助有心理问题或疾病的员工。

我在写书时采访过的一位女性告诉我，出于工作需要，她审查了某些图像和视频，对其中部分内容感到不适（公司完全没想到，也不是有意为之），过后她争取了很久，公司才为她提供了心理咨询。我认识的一位记者，她为计划出版的书写了篇文章，诚实地讲述了她过去经历的抑郁症和自杀倾向。编辑一开始说这篇文章写得"很勇敢"，后来却频繁要求她进行场景重现，即回到她曾经尝试过自杀的地方，拍张照片作为插图。

大型科技公司最常说"在工作中完全做自己"之类的话，尽管如此，员工因心理问题而遭不公对待已成常态，不仅是我采访过的女性，更广大的工作群体也深受其害。职场心理健康组织 2018 年发布总结报告，名为"顺势而为"（Seizing the Momentum），由英国商业社区组织编撰。该报告称，在向公司报告心理健康问题的员工中，有 11% 遭到"处分、降职甚至遣散"，[2] 更令人担忧的是，这个数据有所上升，2016 年只有 9%。[3]

第二章中我们提到的教师玛丽安娜告诉我，她在教师生涯的最后一年遭遇了一场严重的车祸，此后患上了创伤后应激障碍，大脑受损，太阳穴受伤，影响了她对行动和意识的控制能力，有时她会不受控制地做出攻击行为。她的上级对这些症状的原因非常清楚，但不仅没帮助她，还因为这些"攻击"对她进行了明升暗降的调动。

另一位受访者格蕾塔告诉我，在她疑似患上某种心理疾病后（并未确诊，主要是发生了一次精神崩溃），她的绩效结果和工作评估大幅下降，最后还开了一场处分听证会。她说虽然那会儿还没有正式确诊，但早上她会经常不去上班，过后再打电话说她食物中毒了，或找一些别的借口请假。后来她因为自残进了急诊室。她鼓起勇气告诉上司，说自己很想回去工作，还有意开些"奇怪的玩笑"来掩盖真实病情，甚至在急诊室等候时还在回复工作邮件。她的上司知道她有点不对劲，也知道她自残，但不了解她的全部病情。受心理疾病影响，她没法正常上班，而公司只看到她怠工，也没有再探究真实的情况。格蕾塔告诉我：

> 我当时应该去公司，大声告诉他们："我现在状态有问题，我需要请假，"然后休假几星期，认真地治疗调整，再回去上班。但我就像身处无人之地，只知道假装自己没事。我上司可能相信了我刻意的轻描淡写，她不知道我是想掩盖病情，以为我真的没事，折腾半天就是想偷懒逃避工作。我能理解，因为从公司的角度看，我的行为确实过分了。

回公司后，她不得不因此面对一场处分听证会，而她的人事主管完全不帮她，甚至给她看了一封邮件，表明公司会直接开除她。她孤立无援，参加听证前的会议时控制不住眼泪，于是只能寻求外部工会的帮助，就像她说的："我真的没办法独自一人面对。"

格蕾塔的听证会最终升级成工会与企业的对峙，工会介入后，企业高层做出了让步。当时她的上司才刚到任不久，这件事让她不知该如何处理。我能理解上司面对这种情况的难处，也知道从企业角度出发，雇用因为不清不楚的心理问题而无法上工、举止失常的员工并不符合公司利益。总之，上司和公司高层都不了解她病情的全貌。最后格蕾塔说她从这件事中学到的最重要的一课就是，她要幽默过了头，真的大可不必掩盖病情。"主要责任不在我上司，"她说，"在我自己。"

格蕾塔从自己身上找问题，主动承担责任，可见她是个善于自省、灵活变通的人。我也深知管理层面对这种情况的难处，但还是会震惊于该公司高层表现出来的集体冷漠，他们几乎没有尝试去主动了解事情背后的原因。

现在格蕾塔的状况已经好多了，心理健康状况进步了，去了一家更支持员工的公司。她说那次处分听证会留下的阴影仍然挥之不去，她仍会经常想起，在心理状态最差时，自己是如何对待工作的："我几乎每天都会想到这些。"

忠于内心、条理分明地工作

讲格蕾塔和玛丽安娜的故事，不是为了吓唬你们，把自己的心理状况瞒得死死的，而是她们的经历进一步证明了所谓"在工作中完全做自己"的话术有多么荒谬，我甚至都有点气不过。

哦，你不是说要全部的我吗，这就是全部的我，你想怎么办呢，嗯？就像音乐组合天命真女（Destiny's Child）在歌曲中唱的那样，"不认为世人准备好接受这样性感的辣妹"（"I don't think you're ready for this jelly"），我同样也不认为，企业准备好了接受员工"完全做自己"所带来的如潮水般的负面问题。在有些情况下，这很危险。不是说你不能在工作时展示正常人的喜怒哀乐，也不是说不能在公司谈自己的心理健康，只是关于个中细节，你需要更审慎和斟酌。他们应该知道多少？为什么？你需要他们做什么？请清楚、直接地告诉他们。要为你自己争取应有的支持，同时谨慎守好边界。

如果你认为有必要让上司和同事知道你的心理状况，那就开口说。如果你有工作相关的需要（比如要配某些设备，或要远程办公以便时间更灵活），告知你的上司。我的一位受访者说，她的团队中有位男性患有多动症，当公司放弃开放式办公室，转为实行办公桌轮用制时（即不分配固定的办公桌，员工在空闲位置入座办公），那位男员工解释了自己的情况，表示他需要固定的办公环境、固定的办公用品，这是保证他日常状态的支柱，如果每天都要花费精力找安静的办公桌，再摆放上办公用具，他的大脑恐怕没法承受。

虽然大多数公司不知该如何恰当处理员工的心理问题，至少你自己要明白。在你决定告诉他人自己的心理问题，在你提出相关需求之前，首先要了解你自己的心理状态、心理需求，以及其对工作的影响。

心理模式及其对职场交往的影响

理解你自己的心理模式，是在工作中保持心理健康的重要一步，这要求你了解自己日常工作中的想法。除了笔记本电脑和保温杯，你还带着怎样先入为主的看法来往于会与会之间？戴着怎样的有色眼镜进行职场的交往？恐怕不是玫瑰色的吧？开会时戴着"所有人都针对我！"的眼镜吗？读邮件时戴着"不管我怎么做，老板都看我不爽！"的眼镜吗？在和同事交谈时戴着"他们都觉得我不够格！"的眼镜吗？为了拼凑证据证明你心里那"萨曼莎想把我挤走"的理论，你花的时间是不是超过了思考你们不和的原因的时间？

职场中有太多不可控制的事情，太多掺杂了等级利益的破事，能熬过工作周简直是不可思议的奇迹。但仔细想想，除了（可能）都想让你多干点活，你糟糕的上司和同事有什么共同点？你所在的每个工作场合都有什么共同点？

你。

我不是说你是问题的根源，更不是说你就是问题本身。而是要提醒你，这些事会给你带来什么样的经历，归根结底还是由你自己决定——你如何解读，如何应对，从中获得什么，留下什么。

○ "你是我妈吗？"

关于什么是把先入为主的看法带到工作中，以下是一个典型的例子。

早年刚换工作时，心理医生指出我在内心把女上司想象成了一位大家长般的存在，所以一旦她"拒绝"我，不再偏爱我，不再表扬我的工作、支持我的做法，不再表达对我的欣赏，我就觉得自己好像失去了父母的喜爱。

因此心理医生建议我不要把对家庭情感的想象投射到工作中。一开始，我的反应是："啊，又是弗洛伊德那套关于童年和潜意识的屁话。"但随着谈话深入，我的态度渐渐转变了："嗯，对，是的，没错，我心里完全把上司当成了我妈那样的人物。"一旦看清了自己的问题，我对别人的问题也一清二楚了。我能判断出："看，这是我的问题，那是你的问题，在这个大环境里，好多人和你有一样的问题。染黑了这池水的是你，不是我。"我学会了与混乱和不适共处，知道了什么是我能控制的（我的破事），什么是我不能控制的（别人的破事）。想通了之后，我学会了更好地控制情绪，设定合理的边界，为下一步制订计划。

事实上，将原生家庭的创伤投射到职场中，并试图以某种方式得到补偿，是真实存在的现象，不是我一个人脑子抽风的后果。这与公司宣扬的"大家庭"理念完全不同（但也未必完全无关），《今日心理学》杂志（*Psychology Today*）称，心理学家称这种"重演过去的情景以治愈心理问题"的现象为"移情"（transference），即人们在成年后重拾年少时的情感和想法。[4]

我的心理医生曾说，这就像时间旅行，在当下的情感中寄托了过去的意象，也许这会把我变成无趣的时间领主，一心沉迷"移情"。（"热衷移情的时间领主"绝对会是我回忆录的标题。）职场上的移情表现在很多方面，比如把某位领导当成父母一方（或双方），把绩效评估当成学校的成绩单，甚至把同事当成兄弟姐妹或同班同学。

如果家庭、成绩单和同学曾对你造成伤害，也会影响到你在职场上的对应投射。比如，你处理家庭冲突的方式，会成为你处理职场冲突的模板。[5] 如果你开始对工作不满，或掉入了视之为家庭的思维陷阱，你会忍不住用与家人相处的方式来与同事相处。因此，如果你的原生家庭习惯了以爆发争吵的方式解决矛盾，导致你在与同事出现分歧时也习惯大吼大叫，问题就比较棘手。

早期与原生家庭、学校同学的关系还体现在我们的承受能力上。心理治疗师凯特·霍根表示，每个人的承受能力不同，童年时期遇到的困难"深深影响了我们承受能力的底线"。因此，如果一个人的原生家庭有缺陷，他所处的职场环境又刚好与之相似，那就很容易诱发深埋心底的那些情绪。

由于之前有过经验，所以当遇到便条上司时我反应过来："哦，又来了。"我知道自己会习惯性在心理上把上司当作妈妈，也能明白为什么我们之间的关系有时过于紧张，为什么每当她否定我的想法，甚至我的整个工作时，我都觉得她是针对我个人（因为我脑子里下意识这么认为）。就算她真的针对我这个人，真的不喜欢我，那也不是我该担心的事。我能做的就是不把这一切变成一场不合时宜的家庭心理剧，控制好力所能及的事，即我对她的态度，我的应对方法甚至具体到了着手找新工作，最后辞职。

控制好你的心理问题

了解造成不良情绪的根源,以及在工作中的"移情"行为后,在工作中对其进行控制也很重要。

我说的"控制"是指认识到自己的心理问题、进行自我调节、守好边界。虽然"控制"(containment)会令人想到"隔离"(compartmentalizing),但二者完全不同。我建议的不是把所有情绪锁进心里的特百惠密封盒里,假装它不存在,而是内心有足够的承受能力,管控因工作压力产生的极端情绪和想法。[6] 不是全盘否认感性因素和心理问题的存在,而是坦然承认,必要时予以关注,适时竖起内心屏障,在情绪与社交工作之间画一道清晰的界线。这道界线可以如一排美丽的花篱般柔和,无须如防暴警察驻守的警戒线一般强硬。

在工作场合中,如果每个人都肆意发泄情绪和伤痛,毫不掩饰糟糕的心理状态、神经类疾病和焦虑症状,像电影中横冲直撞搞破坏的小精灵,那将是无比混乱、失序、恶劣的环境。不对心理问题加以调节和控制,这样的氛围并不是所谓的自由进步,也无关女性主义,而是野蛮和病态的,任何身处其中的人都会痛苦不堪。

我不是心理健康专家,也不是心理治疗师,但就我的经验而言,只要有心,人人都能控制好焦虑情绪、神经病症和其他一系列心理问题,将之安放在心里的花篱之后(如果不行,也要坦然承认),而这也为打造真实良好、引人共鸣的工作环境打下了坚实基础。在这种情况下,职场将会形成良性文化,同时保持高度的专业性和效益。要强调的是，我完全理解心理疾病有多难以控制（尤其是像格蕾塔那种尚未确诊的）。我知道化学因素和神经机能对人造成的影响，哪怕意志力再强也无法与之抗衡。所以我现在讲的"控制"，指的并不是这一类心理疾病。

以我自己为例。我坚持做一些简单的小事来控制心理状态，比如定期做心理咨询，还有第三章提到的列事件清单。除此之外，我还要每天控制自己工作时的心理状态，不管是居家办公还是线下工作。

自我控制很困难，就我个人而言，在工作或生活压力大的时候，我会变得非常焦虑，也更加敏感。几次心理咨询之后，我对引发焦虑的原因有了进一步了解。更重要的是，我明白了一旦自己陷入其中，大脑就会不自觉发出心理暗示："我干这份工作根本不够格，大家肯定都觉得我强势又专横。"或者："他们肯定觉得我戏很多，控制欲强，很难相处，我肯定会被开除！"一旦我开始这样想，这些话既阻碍我的脑海中挥之不去，我就立马进入自我保护模式，开始重新解读过去和别人的每一次交往，戴上焦虑的有色眼镜。不加以控制的话，焦虑和防备就会让我对同事态度生硬，冷言冷语，甚至导致我在工作中大发雷霆、责骂他人，这可不是什么好事。（或者对同事态度特别差，但完全不是出于本意，事后又愧疚不已，觉得自己是个混蛋。想想都心累！）

我控制情绪的第一步，是承认这些情绪，有点像冥想中的"觉察"。[7]（啊，我感觉焦虑，行。）承认情绪是很重要的一步，这让我意识到，我会不自觉地找证据证明自己焦虑的猜想，并以此解读和同事的对话、邮件和工作消息。承认情绪之后，我变得更客观，更懂得停下来深呼吸，让自己先冷静下来，而不是在情绪上头时回邮件，也更清楚什么时候该去散步或喝杯咖啡，清空一下大脑。

我认为，无论是在现在还是在以前的工作中，如果我没有控制焦虑和烦躁情绪，我的业绩、与同事的关系，以及整体的职场口碑都会比现在差很多。我体内蛰伏着一个焦躁的绿巨人，好在我已经学会了与它共处、控制它的躁动。有时能控制得很好，有时则比较吃力，这是一个获得平衡的过程，美国人喜欢称之为"学会控制情绪的旅程"。

偶尔也可能出大事

虽然我是个不折不扣的控制狂，主张为自己争取、对自己负责，支持每个人竭尽所能改善糟糕境遇，但也难免有不可控的事，心理健康是一方面，身体健康是另一方面。也许你患有慢性病或癌症，也许暴发了新冠疫情，也许你流产了。还有些大事，比如亲朋离世、离婚丧偶之类，可能会给我们带来无尽的伤痛，伴随数十年之久，这些也影响到了工作。我早年的一位上司告诉我，要在每天工作前把这些"私人问题""从脑中清理出去"，但这是行不通的，尤其是重大的丧痛，没有办法简单地把它留在家里，或封进某个手提包底部的信封里。

处理工作中的丧亲之痛

消化丧痛很难,每个人受伤的程度不同,接受程度也不同,残酷的是,那种痛苦,恐怕只有亲身经历过的人才能感同身受。尽管极度的悲伤会让人感觉时间停止了流动,事实却并非如此。时间仍在流动,就算在人生最悲痛的时候,大多数人还是不得不很快回归工作(甚至没有停歇地继续)。

记者凯特·利斯特(Kat Lister)谈到,她丈夫——音乐记者和作家帕特·朗(Pat Long)于 2018 年 8 月去世,那之后不过几天,她就回到 The Pool 工作,随后我们第一次见面。前不久我采访她时,问到她在丈夫得恶性脑瘤期间及去世后的工作状态。她说 2017 年 The Pool 的一位编辑休长假,于是她补上空缺成为全职员工。当时帕特的病情已经很严重了,但凯特不愿拒绝这份工作。"面对一次又一次伤痛,支撑我的始终是一种信念,那就是我不想受人同情,我不会放弃。"她说:"回头看那段日子,我才意识到这种信念对维持我的身心健康产生了巨大影响。"

凯特告诉我,她一直工作到帕特去世的六周前。她永远也忘不了,他去世的那个礼拜,她接受了一整天的工作,试图以此维持常态。"工作时,我觉得自己在为两个人奋斗,我觉得如果他的病情也维持常态,我也许能救他,他也许能活下去。"后来,她很后悔那天没有陪在帕特身边,但对于多数人来说,工作就像避风港,让我们从生活给予的病痛和悲伤中暂缓一口气,暂时逃离这一切。凯特说,当时,The Pool 就是她的小天地,每天早上工作前,她都非常想将一切抛之脑后。在那里,她可以做真正的自己，她希望工作填满她的生活："我不想看到医生对我点头问候，然后听到他问：'今天感觉怎么样？'"

渴望维持工作常态，却又饱受离别之殇的摧残，那种感受也同样痛苦。帕特去世几个月后，凯特回到了公司。她说：

> 说实话，关于那段日子，我印象最深的是那种溺水般的窒息感，每天都像行尸走肉，机械重复着昨天的生活，不知道自己在哪，在做什么。但我还记得在办公室那方小天地里，我感到安全，感到自己被爱。在这方面，我是幸运的——我有一群亲密的同事，在那段最艰难的岁月里，是她们支撑着我、陪伴着我。

但她也说过，丧痛是一大情感重创，其对身体的影响也不容小觑，很多人都忽略了这一点："关于悲痛带来的心理影响，我们已经有过太多的讨论，而对其生理影响的探索才刚刚起步。那一阵子，我会频繁去厕所呕吐。"她还说，丈夫去世一年多后，她们难以集中精力。"书读不下去，和人交谈常常走神，觉得很多声音都很刺耳，餐馆和酒吧更是一步都没进去过，里面放的音乐像是要把我的脑袋劈开。"

谈到悲痛之后回归工作，她说每个人最后都不得不继续生活，做当下看起来正确的事。帕特离世后，她渐渐学会在没有他的世界生活，也摸索出了一套工作方式。她认为，人们在经历重大伤痛时，要有自己的一套支持体系来提供慰藉。"每个人的悲痛表现都是不同的，需要在细节上给予具体的支持。"

悲伤是一只野兽，在每个人心中形态各异。就像凯特说的，一千个人有一千种悲伤的表现。因此我觉得，要消解自己的伤痛，不妨试着阅读和倾听他人的悲伤经历。很多人在悲痛时喜欢读诺拉·麦金纳尼（Nora McInerny）的故事，她曾经历过流产，在几个月内相继失去了丈夫和父亲，这些故事令人动容，也帮助了许多深陷悲伤的人。她把这些故事记录在网上，写进回忆录《笑也没关系（哭也很酷）》[*It's OK to Laugh (Crying is Cool, Too)*]，也在播客"很糟糕，谢谢关心"（Terrible, Thanks for Asking）里讲述过。如果你正深陷悲伤情绪无法自拔，我强烈推荐你关注她。她在接受 MPRW 新闻采访时曾说："悲痛就是混乱不堪的情绪，没有什么五个阶段。悲痛就像仓鼠跑轮，在你的余生都会不停转动，不存在终止，不存在'翻篇'，那些事会永远伴随你，成为你这个人的一部分。"[8]

卡里亚德·劳埃德（Cariad Lloyd）的播客"悲伤客"（Griefcast）也是悲伤时聊以慰藉的绝妙资源，主要内容是与"搞笑的人谈死亡与悲痛"，其采访既哲思飞扬，又真切感人。[9] 对很多人来说，听到他人对死亡一笑而过，无疑是一种安慰，有助于平复他们剧烈的情绪波动。还有"刚刚离世"（Fresh to Death）[10]，BBC 电台推出的一档播客，主持人是塞马·汤普森（Saima Thompson）和马莱娜·波内（Maleena Pone），探讨亚裔英国人对于死亡、悲痛和失去的看法。

如果你没法在工作中控制悲痛情绪，还有一个很棒的组织叫"回归工作"（Back to Work After）[11]，创始人是尼基·帕拉马克祖克（Nicky Palamarczuk），她也是广告公司 VCCP 社会影响力部门的主管。她有两次回归工作的经历，第一次是产假结束后复工，第二次是确诊并治疗乳腺癌之后，两次之间仅仅隔了 5 个月。"回归工作"举办各类活动，讲述普通人的故事，通过展示他人度过疾病、产假、戒断、丧亲之痛等人生大事并最终成功回归工作的经历，为正沉浸在悲伤中的人们提供支持与力量。

在职场上展示真实的自我

在工作中完全做自己很难，特别是当你经历了身份、自我认知，甚至是性别上的改变时。

向同事袒露真实的自我也很难，不管是公开自己的心理问题、性取向、不孕不育问题，还是坦承自己患上重症，都非常难以开口。承认自己是跨性别者，或是正在进行性别转换，还要向同事解释以后对你的新称呼，这些都困难重重，毕竟毫无先例，公司显然也不会支持。在当下的政治氛围下，性别已经成为一种可以变化的社会身份，不管是生理还是心理性别，都不再局限于传统的二元化认知。这显然超出了大众理解，许多人对此难以接受，他们也不认同多元性别（推特上不少著名作家和喜剧演员都曾公开反对，"性别优先的女性主义者"也大行其道）。排斥跨性别群体的行为无疑是恶劣、错误的。希望本书面世之时，公众对跨性别群体的态度会发生改变，至少能变得更加包容一点。

在开放式办公室中，很难进行性别转变。即使是观念前卫、思想开放的现代化公司，要更改员工在人事系统里的姓名和性别，也面临烦琐的技术程序（在谷歌时几个跨性别同事就遇到过这种障碍）。

我在 The Pool 的老同事维克·帕森斯（Vic Parsons）就是一位非二元性别者，如今供职于一家叫 PinkNews 的媒体，专门报道 LGBT+ 群体的性别与身份认同故事。维克谈到在职场公开自己的性别认知的经历。在 The Pool 做了5个月自由副主编，但由于没签劳工合同，维克担心公开自己是非二元性别者后会丢掉饭碗。"公开很难。我担心，一旦我公开自己是非二元性别者，高层会炒我鱿鱼。"

二十岁出头时，维克改成了现在的名字，同事也只知道这个名字。"我很早以前就开始试着向别人公开，但我说得非常隐晦，轻声细语，有时太过低声。二十几岁时改了名字，但没有解释清楚原因，所以很多人还是会叫我以前的名字，我也不好纠正他们。"

在"好几年的郁郁寡欢"之后，维克的心理状态滑落到低谷，公开性别、转变人们认知"已经刻不容缓"。维克下定决心向同事、朋友、父母和社交媒体上的粉丝公开，那种感觉就像用力敲碎最坚硬的石膏："我现在都不敢回想那段经历，我写了一封三页长信，包括留给提问的空白位置，在周五下午，我不在办公室的时候，发到全公司每个员工的邮箱。其实真的没必要写那么长、讲得那么细。"维克说，"但我可能是紧张过头了，所以写得事无巨细，希望别人能理解我的感受。"

维克说，发邮件的形式给人们留足了空间和时间去消化，而且公司里大多数人是"坚定的女性主义者、LGBT+的支持者"，这让维克有勇气迈出这一步。虽然收到了很多鼓励和支持的回信，周一去上班的时候维克还是"非常紧张和害怕"，因为公开化让人有种暴露在众人视野之下的不安全感。但到了办公室之后，一切都很正常。"说实话，有点草草收场的感觉，没掀起什么水花，没人大惊小怪，也有人温和地表达支持，但基本上和以往的任何一个周一都没有区别。"

我问维克，在 PinkNews 这样"公开包容"非二元性别者的工作环境中，会不会对曾经的那段公开经历有什么不同的感受。"在 PinkNews 大家都视我为一个叫维克的非二元性别者，在和我交往时也尊重这个身份，所以我能更好地投入到自己的工作中。在与像我这种生理性别为女，而心理性别不是女的群体相处时有很多需要注意的地方。用对人称代词只是第一步，属于最基本的尊重，就像叫对别人的名字一样。在这里工作让我意识到，以前在 *The Pool* 花了太多精力处理性别的问题。"但维克也表示，只要不倒闭，在这方面 *The Pool* 总会随时间改变的。

我还问维克，有哪些细节是公司管理层和同事需要注意但经常忽略的（甚至总是精准踩雷）。维克说，即使当事人并不在场，称呼正确也很重要，还有当人群中有非二元性别者时，不要使用"女士们""先生们"等二元性别称呼。"虽然有时候我假装没听到，也没纠正，但不代表没听到别人错误的称呼，就算隔着大半间屋子也听得见，就像某种特殊雷达一样，这可是非二元性别者公开后必备的技能。"

心理咨询师凯特·霍根曾谈到，在恶劣的职场环境下，没必要披露过多私人信息，这个看法与维克不谋而合。"并不是非要公开性别认知不可，只有真的想做、真的准备好了，才考虑公开。最重要的一点是，公司的氛围要适合公开，不会给你造成伤害。"

维克很幸运，有一群支持女性主义和 LGBT+ 群体的同事，因而维克有底气公开，在职场上做真正的自己。但还有无数人不得不在二者之间做选择，一面是不公开，继续忍受隐瞒带来的消极心理影响；另一面是公开，但相当于赌上了与朋友、家人的关系，赌上了工作，有时候甚至他们的人身安全也会受到威胁。

维克和我在谷歌的跨性别同事教会我，如何更好地支持这个群体（即真正与他们共情、为他们考虑）。感谢他们的耐心，感谢他们愿意对我展示脆弱的一面，感谢他们的坚持。如果你也想支持你自己或身边的跨性别者，资源附录中有详细做法。

做自己，或理想中的自己

人的自我极其复杂。我们会悲痛，会产生心理和生理问题，我们有千百种情绪，有各种压力，不得不时刻维持二者间的平衡。我们都是脆弱的，虽然在职场上，脆弱推动我们向前，感性激励我们奋发，但也要注意适度。我们都不完美，无法主宰时间和空间，所能做的唯有努力生活。

做真实的自己，但要有所克制。

感受自己的情绪，但不要放任其影响工作。

当不幸来临时，所爱之人离世，或你自己生病，身体每况愈下时，把自己放在第一位。先照顾好自己，在这方面，没有人能比你自己做得更好。

如果你终于决定，要在公司公开性取向或性别认知，请确定这是你想做的，以及确保大部分同事不会因此对你抱有恶意。

　　记得每天按时吃药，尝试用不同的方法改善睡眠，坚持这类小事，有助于你维持舒心的生活状态，它们虽然琐碎无聊，却无比重要。只要是你保证最佳工作状态必须要做的事，就请认真做好。每个人的心理状况都不一样，有些方法未必所有人都适用，但我们都有义务照顾好自己，这既是对共事的职场人负责，也是为共建安全美好的人性化职场环境出一份力。

第七章

欲望和规划

你到底想要什么

如何在工作的时候不发疯

有一阵子很流行一个问题:"你觉得五年后的自己会是什么样?"在各种招聘面试和约会相亲里,人们都会这么问。后来不知怎么的,大家听到这个问题就开始翻白眼:"五年后?我甚至不知道五分钟后我会在哪儿!"说着,动作滑稽地奔向落日粉霞,"我忙着享受生活呢,没空担心这些事情。命太好了,什么压力都没有!"

翻白眼是因为不想回答,因为没法坦然说出口:"其实,我想拿个奥斯卡最佳剧本奖,和未来的老公住在巴黎,养至少两只猫,买得起 Le Creuset 牌陶瓷煎锅。"这些话不好宣之于口,所以我们假装漫不经心、不屑一顾,用自嘲来掩盖真正的想法。

就像在职场中要找到真实自我(但要设定边界!)的平衡,要想在工作生活中收获满足感,就要向自己的欲望靠拢。知道你想要什么,还要接受"你想要什么"会随时间改变,并且还能根据目标的变化及时进行调整,这非常有用。但目标可变并不是想一出是一出、三分钟热度的借口,也不意味着你可以随心所欲,推翻上周甚至一小时前的决定。我觉得真正想要的东西,是不会那么多变的。(野心可能多变,但生活中最看重的东西不会。)

有时候你会突然发现,一直以来渴求的东西,不再适合现在的你了。或者像我一样,突然意识到拼命工作好多年,却总是在向差劲的上司寻求认可,把职位当作身份,把薪水等同于自我价值,除此之外,再无意义。或者像第三章的弗吉尼娅那样，受童年影响，只是为了努力而努力，完全无视身体发出的过劳信号。但放弃可不是你会做的事。

要学会在生活与工作之余利用和保持精力，但如果没有目标，不知道精力该往哪里使，那就毫无意义。

有些人耻于承认自己内心的欲望，认为暴露野心也就暴露了弱点。别人知道了我们的目标，也知道我们为之付出了许多，那万一中途犯错了呢？万一最后失败了呢？把野心昭告天下，然后全力以赴去实现，这好像太鲁莽了（事实也确实如此），又显得扎眼，毕竟当下的社会文化提倡女性埋头苦干，而不是大声宣扬。

但最重要的是，自己想清楚目标，这是获得事业成功的基础，也是过上幸福生活的基础。首先，知道自己想要什么，不退缩不畏惧，意味着你可以真正着手规划，一步一步向目标迈进。问自己"我想要什么？"而不是"父母希望什么"或"导师告诉我什么"，不是，他们的想法不重要，关键是你。你想要什么？

为什么五年计划不是成功学的智商税？

前言里提过，2017年夏天我频繁出入某公司的员工福利中心，去看医生、护士，还有理疗师。我有些小毛病，包括持续六周的眼睑痉挛，肌肉不明原因刺痛，好像电脉冲在脖子、喉咙和后背里横冲直撞，又痛又吓人。血常规检查一切正常（除了"坏胆固醇"含量稍微有点增加，显然是公司的免费牛角包和比萨吃多了），医生认为，长期眼睑痉挛和其他身体症状都是压力过大导致的。

"需要看心理咨询师吗？这里就有一个。"福利中心的护士温和地问我，她的眼里满是同情。"我接受了三年的心理治疗，不需要再咨询了。"我说，我感觉我对自己的咨询师很有防卫感，同时又很生气，气我居然需要两个咨询师，而且如果不去看公司里这个，就没法正常工作。

最后，我还是去看了公司里的咨询师。他看了我一眼，说，"你呼吸的方式不对"，然后教我怎么呼吸才是对的（要把气吸进横膈膜、吸进肺里、吸进腹部，不是短促惊慌地吸气，只到喉咙口和肩膀就吐气了），还给我解释了身体面对压力会有什么反应。他说这是"世界通病"。讽刺的是，那会儿是我体型最好的时候。

练了那么多瑜伽，踩了那么多次单车，完成了铁人两项，跑了那么多次10千米，跟了那么多以色列搏击课和泰拳教程，在 Headspace 软件上做了那么多次冥想，我的身体还是出了问题——压力打败了所有的健身训练。

于是在一位同事的推荐下，我参加了一项为期三天的课程，名为"探索内在的自己"（Search Inside Yourself）。该课程开设在谷歌（略显讽刺），主办组织和全球范围内的不少公司和个人均有合作，自称"推广正念、提升情商"的全球性社区。[1]听起来很完美，似乎很适合我，我想这个课应该能结束我的"2017眼睑痉挛事件"。

课程包含很多小组冥想、正念倾听，还要与陌生人长时间对视。尽管只认识了 90 秒左右，对视时我们两个都流泪了。

说实话，那一整天我的心情都是持续性郁结、间歇性愤怒。第一天课程接近尾声时，有个练习让我们把当天的心情记录在笔记本上，并写出令我们气恼以及觉得困难的事。我写道：这个课，课程开始的提示音，人们的说话声，喷嚏声和门开关的巨大动静。接下来是大写加粗的"眼睑痉挛"几个字，可见我当时心中充满气愤，气我的工作，气那时的上司。

那个本子上还有以下这段话，能说明不少问题：

> 这个课程结束后（不是因为这个课），我要试着认清自己在职场中以及生活中的情绪，学着平复它们。我怕生活中没有让我欣喜之事，唯余厌烦之事。
>
> 比如，每个上司都是愚蠢庸才，每个成年人都软弱无能。

我当时很愤怒，也很迷茫，练再多瑜伽、冥想，喝再多神奇的绿色蛋白粉，都无济于事。

课程第二天，教练教我们做"联结、想象和耐力"的练习，她先讲了罗兹·萨维奇（Roz Savage）的故事。罗兹在美国一家知名大企业工作，身份地位样样不缺，不管从哪个方面看，都称得上生活富足，但不知从什么时候起，她开始质疑自己存在的意义。她在网上发布了两篇为自己写的讣告，一篇描述她理想的一生——充满无畏的冒险与奇遇，另一篇写她现在的生活指向的结局。[2] 罗兹迫切想要第一种生活，于是她选择辞职，彻底换了一种活法。现在她成了世界上第一位（目前也是唯一一位）单人划艇穿越三大洋（大西洋、太平洋和印度洋）的女性，还是四项吉尼斯世界纪录的保持者。而这一切的开始,不过是她希望自己的讣告读起来有趣点。

听了这个故事,在场的人都有些触动,审视起自己现在的生活。这时教练要我们思考,如果今天就要为自己写一篇讣告,内容会是什么,并要求我们在日记里写下未来五年的规划,我要写的,就是自己37岁时希望过上怎样的生活。教练要求我们把最先出现在脑子里的想法写下来,不作任何修改,连续写三分钟。

那时我写的东西,改变了我此后的人生道路。

第一件事是"两个孩子,两只狗,两只猫"。这可颇为耐人寻味,因为我一直以来都表示不想要孩子,不想养宠物。

我想在郊区有栋房子,继续从事媒体行业,继续进行面向公众的写作;与媒体、艺术和文化领域的女性合作,在电影、电视和电台方面进行创作;创办一家创意咨询公司或制作公司;积极把握好工作与生活的平衡,从二者中获得满足感。还希望和丈夫和和乐乐过活,以及有足够的经济能力请家政和保姆。

这些就是我写的全部内容。我感到万分新奇,大为惊异,同时还对这个烂大街的活动居然有用大为不快。

看了组里其他人的分享,我更惊讶了。有个男生居然说:"我发现,如果要在五年后过上这样的生活,我现在必须开始行动了,现在马上。"他的话将整个活动又推进了一步。

他的话让我的心凉了半截。现在?我还在频繁眼睑痉挛,饱受工作压力摧残,整个人都是一团乱麻,这种情况下,我怎么可能生养两个小孩、买下郊区的房子?如果我每天都在被视频会议占满,忙着研究如何向上管理,处理一大堆工作,把自己搞得精疲力竭，我还能写出什么东西来呢？我连一条有意思的推特都没力气发。

这些问题，我当下答不上来，但潜意识里，我的大脑已经对五年计划做出了回答。接下来要怎么将其变为现实，就看我自己怎么做了。

言归正传，我可以肯定地说，做五年计划是有意义的。思考"未来五年想做什么"这个问题，需要你审视自己的现状，而这个问题的答案，就是你未来的目标，期限已经设定好，就像带着一个定时器生活。渐渐地，我开始找到生活的节奏。在不受他人意志的干扰下，留一段与自己对话的时间，思考自己到底想过什么样的生活，这个过程影响了我之后所做的每个决定。探寻内心想要的东西，成了指导我生活的一束微光。我会意识到：哇，原来我想要的是这些？那我现在追求那些做什么？我这是在干什么！

课程结束两个月后，丈夫和我领养了一只小狗。随后几年，我做了一系列影响一生的决定，这些决定带着我走到今天——重回媒体行业、进行公共写作、成为自由咨询师。我正在向自己想要的人生迈进，哪怕命运有时会跳出来拦路，比如 *The Pool* 破产，我仍然迎难而上，继续沿着原本的方向、向着最初的目的地进发。

如果没有那个写讣告、做五年规划的活动，我可能现在还处于迷茫和焦躁中，说不定眼睑痉挛都还没好。当然，可能在心理咨询师和众多优质播客的帮助下，我还是能成为今天的自己，但我仍然庆幸那个时候，有人问了我那个问题：你未来五年想做什么？

跟你们说实话，参加那个课程前，我觉得会做五年计划的人，一定是那种很认真生活的人，9岁起就会把好的婚礼企划做成剪贴本，对世界满怀不切实际的幻想。但后来我发现，在审视自我的职业道路和生活方式时，最有力、最直击内心的问题就是"我想要什么"。不限职业，不拘性格，所有人都适用这个问题，所有人都应该了解自己，这不老土，也没什么好难为情的。但不是每个人都有足够的经济实力来支撑他们实现计划，比如抛开一切去过截然不同的人生。所以我并不建议这么做。开始做属于自己的五年计划吧，把目光放在切实可行的小事上，马上就可以开始改变的事。也许你的五年计划需要十年才能完成，但这有什么关系呢？

如何制订五年计划？

近来，每当我问自己想要什么时，答案常常是比萨外卖，但这只是即时的需求，并非长远的目标。鼓舞你的动力是什么？如果你从未问过现在的自己，希望五年后的自己是什么样，也许目前你对人生道路还缺乏清晰的规划（这话可能不好听，但绝对是真话。）

那么你需要：

  1. 拿出纸和笔。

  2. 写下标题 [五年 + 你现在的年龄]，写下 [你的名字]（先别急着为年龄发愁）。

3. 用手机定时三分钟（或用厨房煮蛋器进行定时）。

4. 接下来，请在三分钟内写下你对五年后生活的期望，包括职业和生活地点，是否有孩子或宠物，是已婚还是已离婚，是否跑过马拉松，是否进行过诗歌创作，创业还是自由职业，重心是在工作还是在家庭。不要深思熟虑、斟酌修改，不要想好友会不会认可、爱人会不会喜欢。写下脑海中首先跳出来的东西，连续写三分钟不要停。

仔细读你写下来的内容，好好思考。可能你会吓一跳，感觉现在的生活和纸上的生活差了十万八千里，可能你会是为数不多对现状满意的人："哇，我对现在的生活很满足，五年后想要的一切都已经拥有了，我真棒。"不管哪种情况，都不要贸然行动。不要脑子一热第二天就辞职，静下心来，仔细想想，要变成五年后的样子具体需要怎么做。需要搬家？开始存钱？多做一份兼职？开始健身？开始做研究？在做这些决定前，可能你要做些思想准备，要在心里说服自己。不管怎样，要向着新生活大步前进，最关键的是迈开步子。

五年计划是一个宏观的大目标，要使其更具体，更切实可行，不妨试试 SMART 目标框架，SMART 分别代表：

具体（Specific）：你想要实现什么目标？

衡量（Measurable）：怎么衡量这些目标的完成进度？

可行（Achievable）：如何实现这些目标？

契合（Relevant）：这些做法是否符合你的总体

目标？

时间（Timely）：你计划花多少时间？完成期限是什么时候？

在实现宏观目标的过程中，可以用这个框架来评估每个关键节点。你还可以问自己几个简单有用的问题：

- 不考虑时间和金钱的话，我会做什么？
- 我希望自己将来留下什么值得纪念的事物？
- 未来六周、未来一年、未来五年的目标是什么？

在使用这类方法时，要记住其只是为你提供建议，旨在帮助你达成目的，并不是固定体系，无须死守。这些方法是用来是帮你把握全盘目标，保持大方向不偏离的。如果原本计划六周完成的阶段性目标，你花了6个月才完成，也完全无须因此自暴自弃。

你在行动了吗？

好不容易认清了自己想要的生活，确定了目标，最糟糕也是最常见的结果，就是什么也不做。如果确定自己最想做创作类的工作，比如写电影剧本，那就不能继续在沙发上"葛优躺"，颓丧地刷着 Ins，或者不着边界地想为什么没有制片人找你约稿。你在以什么样的姿态面对世界？你在为目标行动了吗？

你想做编剧，和你有能力做编剧，是两码事。世界不会平白无故欠你一个夜成名的奇迹。阿拉丁神灯不会突然出现，许诺实现你三个愿望。兴趣爱好不会轻而易举转变成挣钱的技能，人们不会因为你有志于此就为你花钱。你必须努力提升专业能力，扎扎实实把该学的都学了。

与失望和解

但凡第一次接触任何新事物——新技能、新工作、新项目，没有不犯错、不经历失败的。你的大目标里可能有些部分无法实现，所以要记住，不是努力了就一定会成功，即使你觉得自己强大到足以对抗全世界，我们能控制的事也十分有限，只有生活中的一小部分。且必须承认，成功与否，很大程度上受到机遇和运气的影响。就像丹尼尔·拉德克利夫（Daniel Radcliffe）在播客"荒岛唱片"（Desert Island Discs）中对劳伦·拉雯（Lauren Laverne）说的："就算你是最努力、最有才华的人，还是要运气很好才能成功。"[3]

有时我们付出了努力，却未必能得偿所愿。在刚尝试这套方法时，开头几次失败一定会让你备受打击，深感煎熬。就我个人来说，求而不得令人失望，而对这种失望的害怕，比失望本身还要可怕。但遭受失望有助于锻炼心理承受能力，不跳出舒适区，不经历一点痛苦，就不可能变得坚强，在实现目标的旅程中，总要经历几次（有时是多次）失望。

定期回顾和检查

对自己的计划负责很重要,但不能太理想化,在完不成的时候,你得知道妥协总是难免的。随着时间的推移,总目标也可能发生变化,毕竟五年时间很长,人会变,环境也会变(偶尔会发生意想不到的天灾人祸,比如现在的疫情)。

对于正在接受谈话治疗,比如心理治疗或认知行为疗法(CBT)之类的人,每周固定的情绪管理一定不陌生。医生会问你,对于过去一周发生的事"感觉怎么样"。如果目前没有在治疗,那就需要定期回顾和检查自己的状况,特别关注目标的完成进度。

不管是否在治疗中,如果生活向你扔了一颗情感炸弹,也许就该进行上面提到的讣告练习,对 SMART 的目标进行重新评估。哪怕你觉得自己应付得来,也不要轻视下面这样的问题(除非你不敢问):

- 我的动机是什么?
- 我对什么有热情?
- 我今天、上周或上个月为实现五年计划做了什么?
- 我真的努力了吗?

现在我已经来到了五年计划的第三年,我可以摸着良心告诉你们,本章提到的所有练习改变了我的人生和职业生涯,重塑了我对工作和生活的看法。我会定期审视自己的目标,尤其是在遭遇不顺时。布琳·布朗在她的网飞专场"召唤勇气"（*The Call to Courage*）中提到，生活中最重要的，就是爱自己，失败也不要紧，重要的是你为之付出过。所以即使我经常对计划删删改改，但我知道最重要的是学会为自己而活，学会为自己争得一席之地。

最后，请求各位不要糟蹋自己，更不要亏待自己。这是你的人生，这是你的事业，不要白白浪费。放下手机、退出 Ins，买下纠结了大半年的那门课程，坚持去跑步，清空脑中的杂念，翻出积灰三年的创业计划。探问自己的内心，弄清楚什么是你真正想要的，对你来说这也许不是件简单的事，但请学着习惯。化挫折为机遇，锻炼抗压能力，制订五年目标以及更长远的计划。就像那些励志标语中说的那样——正是这些不适感、挫折和打击，赋予了我们造就奇迹的可能。

第八章

父母与父权

何时能「工作养娃两不误」

父系社会的传统期待、家庭的情感观念、生物本能，再加上个人想法，这些因素深深影响了人们对于生育、对于平衡工作与家庭的想法。我认为，对于适龄夫妻来说，没有什么比生育和抚养下一代更大的事了。

我没有边工作边养娃的经验，但我曾经对职场妈妈很反感。我问自己：到底想不想要孩子？孩子会对我的事业造成怎样的影响？我想象了一下自己边工作边带娃的样子——这能行得通吗？我爱人会不会喜欢？我们负担得起养孩子的开支吗？家里够大吗？现在这个时间段适合要孩子吗？气候变暖和疫情会不会对此有影响？好不容易下定决心要孩子了，我不是还有两对父母要赡养吗？我还有多余的卵子吗？

据我了解，除了卵子数量这种生物学问题，许多女性都很难边养娃边工作，不全是因为爱人不靠谱，或找不到捐精者，而是这本身就是一项艰巨的任务，因此许多人选择推迟要孩子的时间，直到妊娠年龄的上限，再不要就要不了了。35岁之后，我们不得不面对残酷的现实，那就是不管孩子是怎么来的，边工作边带娃都面临着重重挑战。

更重要的是，要不要孩子不是只在家里决定的，在参加同事聚会、躲在公司厕所里、坐在开放式办公室时，我们也在考虑。职业生活占满了女性的大部分时间，但生育问题和养娃问题却几乎是职场禁忌。关于这些，我们只能把手机放在办公桌底下通过WhatsApp激情讨论，在无人的会议室压低声音讲电话，在食堂吃饭时用密语聊两句。

作为一个 35 岁上下的女人，我经常参与这类聊天。这未必是什么深度交心的密聊，有时只是翻个白眼，嘲讽意味十足地说一句："还有，我都 37 岁了，所以我现在必须，你懂的，决定了。"或只是简单地说："再过几个月我就 39 岁了……"看她的表情你就知道，她提这个不是怕长抬头纹，也不是像男人一样担心 40 岁中年危机，而是她的生殖系统已经快 40 岁了，还有她的卵子！我的天，卵子！当你知道有的同事正在备孕，或者正在做人工受孕，同时也清楚她工作量有多大，平时有多忙，而你在工作上有多依赖她。这会让你焦虑到肠痉挛，因为，天啊！她这么忙到底怎么生孩子啊？你还会自私地想：她生孩子会影响我的工作吗。

如果决定要孩子，平衡带娃与工作将会成为你职业生涯最大的难题。也许你已经有年幼的孩子，正在养娃与工作之间艰难挣扎；也许你还在纠结要不要孩子，担心生育会拖累事业；也许你已经决定要孩子，却发现自己竟然很难怀孕；也许你尝试了别的办法，比如试管婴儿、领养或者是寄养。又或者，你决定干脆不要孩子，也许做出这个决定也没有那么难。

归根结底，对于职场上有孩子的人群来说，目前他们之所以很少公开表达对生育耽误事业的担忧，是因为社会没有给他们足够的空间，他们边带娃边工作的艰难和辛酸也无处诉说。人人都避讳谈生育问题，却鲜有人注意到，由于有家室的员工相对来说工作时间更灵活，任务期限更宽松，很容易引起没有孩子的员工的嫉恨。本章探讨的正是这个复杂的话题：如何做到"工作家庭两不误"。一谈起这个，大多数人都不太自在，又容易变得情绪化。我自己没有孩子，在我采访的对象中，有还在纠结要不要孩子的，有尚在探索平衡之法的妈妈，有已为人父母的在职员工，我们一起讨论如何最大限度实现"二者兼得"。

工作之母……工作就是你的孩子

对职场妈妈，我只有满腔敬意。我妈妈就是在产假期间被开除的。在过了近12年没有工作的生活后，她回归职场，找了一份新工作，迈入了另一个完全陌生的领域。她也是一个单亲妈妈，两个女儿还在上学，没人能帮上什么忙。我们这些有职场妈妈的人，无论自己是单身还是怎样，都清楚她们有多不容易。所以轮到我们自己选择时，常常百感交集。你知道妈妈压力有多大，但小时候又因为她没时间陪你而失落难过。也许你妈妈事业有成，甚至是你足球队的教练，但你会担心自己达不到她的标准，没法像她那样教育孩子。也许你因为不想要孩子而心有愧疚，而你妈妈无法想象没有孩子你怎么会幸福美满。也许你从小就没有妈妈陪在身边。

不论是从个人层面还是从心理层面看，职场妈妈都很苦，还有一些因素也增加了她们的难处：

- 虽然有产假，但大多不长。
- 很多公司对怀孕和有孩子的员工存在歧视。
- 在父母双方中女性承担了大部分育儿责任，包括最花时间的接送上下学和托儿所，还有情感上的照顾。

・企业高层中没有带娃的妈妈，女性员工缺乏此类楷模。

・养育孩子非常花钱。

・灵活的工作就当然有利于养孩子，但只有部分员工能享受这种待遇。

・反正就是很难！

说真的，现在这种企业文化下，产假的设置很有问题，托儿所和整个育儿系统也非常不合理。不论是对孩子还是父母，不论性别如何，不论孩子是生的还是领养的，都很不合理。

影响"生不生"这个决定的一大因素，是关于产假的法律规定。根据这可怕的政策，员工会因生产停工在家数月之久，其间没有任何收入，这对许多人来说是无法想象的，而这是全球女性普遍面临的困境。

产假背后的残酷事实

说到休产假和产后复工，全球女性都处于对她们不利的制度中。除此之外，让我震惊又意外的是所谓的富国和发达国家在这方面也很差劲。反观爱沙尼亚、保加利亚和克罗地亚，企业依法提供 58～62 天的法定产假。[1] 而反面例子的代表，看美国就够了。

美国的产假制度到底有多糟糕，电子杂志 *The Cut* 有过详细的解释。[2] 美国目前唯一有法律保障的产假是无薪产假，且只有部分员工有权享受。《家庭和医疗休假法》(FMLA)规定,员工生育或领养孩子后,其岗位最多可保留12周,但其间不要求企业支付薪水。大多数企业会提供6～8周的带薪产假。

2019年12月,民主党代表亚历山德里娅·奥卡西奥－科尔特斯(Alexandria Ocasio-Cortez)在众议院监督和改革委员会讨论家庭和医疗休假政策时拍下一段视频,立即在网络上引起疯传。在视频中,她问其中一位官员:"您知道小狗出生后能和妈妈待多久吗? 8个星期。而市场决定了人类生育者与孩子在一起的时间甚至不如狗。我认为这实际上反映了企业不把人当人看,没有给予他们应有的尊重。"幸运的是,有像奥卡西奥这样的政治家据理力争,试图将8周的产假延长到12周——她给自己员工的产假就是12周。奥卡西奥,请您务必面见总统,向他提议!

英国虽然男女薪资差距大,[3]但至少其产假制度比美国慷慨得多。英国法律规定,"符合条件的员工"享有最高52周的带薪产假——前26周称为"普通产假",后26周称为"附加产假"。两个阶段薪资不同,但企业支付的实际薪资通常高过法定水平。此外,英国还有夫妻共同产假,夫妻双方享有最高50周的产假,其中带薪产假可达37周。然而,父亲享有的产假少得可怜,不过一两周,只有少数几家英国企业(本书出版社即为其中之一)为父亲提供较长时间的产假,与12个月的母亲产假政策相对应。[4]近年来,荷兰的陪产假由原本的一两天增加到5天,并在2020年7月出台一项新规,规定在孩子满6个月之前,父亲可额外享有5周的带薪产假。[5]

还有一个"职场母亲落差"(motherhood penalty)问题,这可不是小事，怎么能是小事呢！

在 Vox 网站出品的原创网飞剧集《解释一切》(*Explained*) 中，有一集解释了"职场母亲落差"问题[6]，我强烈推荐各位都去看一下，只有 20 分钟，讲得非常全面，还是蕾切尔·麦克亚当斯 (Rachel McAdams) 配音，还提到了希拉里·罗德姆克林顿 (Hillary Rodham Clinton) 对此的评论。（说真的，这都不看？）正如记者萨拉·克利夫 (Sarah Kliff) 在一篇题为《男女薪资差距的真相》("The Truth About the Gender Wage Gap")[7] 的文章中所写："男性每挣 1 美元，女性只有 79 美分！"但这并不足以概括全世界的男女薪资差距。实际情况更为复杂，不知不觉中，企业会让女性在劳动力市场中处于劣势，使"工作之外有育儿负担的员工"出现薪资落差现象，而其中绝大多数是女性。

在本季的《解释一切》中，摄制组以一对同时毕业的律师夫妻为例，清晰地展现了什么是薪资落差。这项研究（及其衍生的数据和调查）表明，夫妻育有子女时，即使有请保姆，其中一方也必须在家，这个责任由母亲承担。同时，父亲在事业上继续发力，一路高升，甚至成了律所的合伙人。而留在家中的母亲不得不推掉出公差的任务，减少工作时间，改为灵活办公或兼职办公。一段时间过后，母亲的工资已经比丈夫低了一大截，尽管两人起点相同。*

这种事真令人无语，不是吗？

---

* 几乎相同，因为不少行业里男性刚入行工资就高于女性。

产假歧视已成常态

虽然英国的产假制度优于大多数地区，但在产假歧视方面尚有不足。[8]

"怀孕就完了"（Pregnant Then Screwed）是一个员工权益保障组织，致力于"终结职场母亲落差现象"。[9]该组织成立了一个免费的法律咨询机构，为女性提供法律指导，帮助她们向公司维权。此外，该组织还游说政府，要求进行立法改革。英国护肤品公司 Liz Earle 裁掉了 5 年的老员工海伦·拉金（Helen Larkin），并只提前了两周告知，当时她已经怀孕 8 个月。拉金在处理劳工案件的特别法庭上为自己辩护，最终得到 17000 英镑的赔偿金。（该公司在法庭上称，"真的很遗憾，我们似乎在某些方面没能达到要求"，言辞敷衍，还妄想博得信任。）PTS 网站上有很多吓人的数据（"每年有 54000 名女性因为怀孕或休产假失去工作"；"44% 的职场妈妈说有了孩子后，收入减少了"），《卫报》（The Guardian）创始人乔利·布里尔利（Joeli Brearley）在专访中表示，职场产假歧视的全貌之所以不为人知，是因为企业会要求女性员工签署保密协议，阻止她们发声，更重要的是，阻止她们对抗公司为自己维权。[10]

虽然我的采访对象都没有签过这种保密协议，也没有因为怀孕丢过工作，但有一位无意中提起，在她告知上司自己怀孕后一周左右，她和公司的合同被提前终止了，而且产假待遇很差，她不得不采取维权行动。接下来就是漫长且紧张的求职时间，最后她找到了一份低级岗位，并开始休产假。幸运的是，这期间她又收到了另一家公司的录用通知，他们尊重她本人的意愿，允许她休满 7 个月产假再入职，想想这一番折腾！

傲慢与（因生育而出的）偏见

虽然没什么人会承认，但没有孩子的员工常常对已为人父母的员工多有成见，无法体谅他们的难处——这种现象需要我们努力做出改变。我们经常听到这样的话："等你当上父母，你就明白了。"我深以为然。在我自己也开始认真考虑"要不要、应不应该要孩子"时，我才注意到了自己一直以来的偏见，才开始体谅职场和生活中遇到的爸爸妈妈们。有孩子意味着我们要为他们的人生选择买单，包括我在内的许多无子女人士都很难接受这一点，就像花一大笔冤枉钱去伊维萨岛的农家乐度假，又像一个夏天参加七个朋友的婚礼。但对有孩子的人来说，既然他们决定要孩子，那么为他们付出一切都是天经地义，这没什么不能理解的。在工作氛围不好的公司，很多没有孩子的员工会自然而然地想：哇，早退去接孩子了，牛啊。或者，卡罗尔因为送孩子上学迟到了，说不定她还能用这个借口早退呢！这种偏见并不是好事。

"因为火车被取消或汽车抛锚了而迟到误工比因为孩子生病更容易被社会接受。"被问及成为母亲后最大的收获，《恐慌年代》(The Panic Years: Dates, Doubts and the Mother of All Decisions) 一书的作者、记者内尔·弗里泽尔（Nell Frizzell）这样回答:"说实话,和人说你正赶上铁路维修,只能搭乘巴士,所以得晚到 15 分钟,同事可能还会开开玩笑,表示同情。但要是因为孩子发烧,昨晚只睡了 3 小时,就会有种你'没有处理好家事以致耽误了工作'的感觉。"

内尔的说法正完美地说明了我们需要改变对已为父母的职场人士的态度和偏见——不管休完产假回来的上司有多苛刻,不管同事怀孕多影响工作。公司当然可以允许有孩子的员工实行灵活工作制,也可以提供更好的产假待遇,但我们还是应该立刻转变对待已为父母的职场人士的态度,因为这种偏见会影响到我们自己关于生育优先还是事业优先的决定。

在内尔举的例子中,那种偏见可能来自没有孩子的同事,但由于阶级、特权、财富等差异,同为父母的同事之间也可能缺乏应有的理解和体谅。

"我见过所有的成功人士,无一例外都是工作狂,所有时间都投入工作。"第三章中提到的米兰达,她 40 岁出头,从事伦敦科技行业,她说:

> 我最近才发现,我是所有主管中唯一一个没有请全职保姆的,而所有男性同事的妻子都是全职家庭主妇。所以每次我因为要照顾孩子请假,他们都不能理解,因为他们没有这种烦恼。有的人每周有 4 天会请保姆来陪孩子过夜,所以虽然宝宝只有 3 个月大,却不会在夜里吵他们。有钱就是可以省去很多麻烦,可我没有这样的条件。

我知道有人会请陪夜保姆,但有次我听一位年纪较大的男同事说,他妻子刚刚生产,但他晚上会到另一间房睡,以便第二天能够"精神抖擞地工作"。我大为震惊,这是我第一次知道还可以这么当爹——我以为天下所有爸爸都多少会帮点忙,都会像新手妈妈一样,被孩子闹得睡眠不足,但显然不是这么回事。(至少对于家有空余房间、请得起陪夜保姆的人来说,不是这么回事。)

母亲的精神负担

从职场母亲薪资落差现象,到职场对于职场母亲的整体态度,最让我震惊的是,其中很大一部分受到了传统的性别刻板印象影响。女性仍然在打那"第二份工",[11] 仍然承担着大部分没有酬劳的家务和情感劳动,这意味着她们的工作比男性同行受到更大的影响。如今的异性关系已经发展出了"共同扶养"(co-parenting)这类字眼,父亲照顾自己的孩子也不再被称为"奶爸"(babysitting)。[12] 研究表明,在看孩子、煮饭和其他大部分家务中,英国女性承担的无偿劳动量比男性高 60%,[13] 60% 啊!

2020 年疫情期间,这种情况更加突出。学校和托儿所关停,全世界的父母不得不一边做 24 小时全职保姆,一边兼职家庭教师,此外,需要远程办公的父母还得想办法挤出时间工作。

剑桥、牛津和苏黎世大学的学者发现,在居家隔离期间,"不管有没有工作,母亲每天都要花上 6 小时左右的时间照顾孩子和辅导课业。相比之下，不管职位级别如何，父亲每天花在这上面的时间仅稍多于 4 小时。"[14]

总之，经济学家发现，在有学龄儿童的家庭中，不论父母薪资水平、职权地位如何，平均而言，女性承担了更多照顾及辅导孩子的任务，但她们工作的时间并不少于丈夫。这些数据令人警醒，但对单亲家庭来说，边工作边抚养孩子的压力更大——特别是英国政府公开呼吁无法居家办公者回归线下后，情况更加艰难。[15]

哪怕没有疫情，哪怕女性不用做那么多洗碗、洗衣服的家务，她们仍然面临着巨大的精神负担——第三章中我们已经提到，这也是导致过度劳累的一大因素。一位受访者告诉我，成为母亲之后，她心里有一份"时刻滚动更新的清单"，以前脑子里记其他事的空间，不得不给这份清单腾地方。电通安吉斯公司的数据产品办公室主管麦迪·阿米蒂奇一直在男性主导的行业里工作，作为两个青春期孩子的母亲，她体会到女性必须工作得"特别努力"，才能和男性同事处于同样的地位，因为当女性开始一天的工作时，男性已经工作两小时了：

> 妈妈们要叫孩子起床，做好早餐，准备好书包，整理校服，检查日程，确定学校是否有其他课后活动，这一切都要赶在 8 点半前完成！我知道现在时代变了，爸爸们可能会分担一些，但大头还是妈妈在负责。在工作时，也不可能完全丢掉父母的责任，可能这就是我们擅长一心多用的原因吧。

对于职场母亲而言，薪资落差固然是一大猛兽，然而砍掉它的脑袋，另一只怪物又出现了——精神负担。

你能成为自己从没见过的人吗？

说回科技行业的主管米兰达，她表示，虽然团队和公司给予了她许多支持，但她很清楚，一旦有了小孩，就没法继续现在的工作。她晚上经常要参与活动，工作很忙，还经常去国外出差。她很清楚做一名母亲意味着什么，她不可能在维持现有工作的前提下生小孩，这也并非她所愿。在养育孩子方面，她也没有任何可以借鉴的正面榜样，因为公司很多高管妈妈都是"雇两名保姆，而且几乎从不着家"，米兰达不想用这种方式"兼顾"工作和孩子。

她说有一位自己很崇拜的前上司，深深影响了她对孩子和工作的看法：

> 我这位上司生了一对双胞胎，休完产假回来后，她完全变了一个人，总是不让我们知道她在做什么，脾气变得很差，动不动就发火。我和她相处的时间大大减少，因为她总是早退，找不到人影。我不知道怎么应对这种情况，只好与她渐渐疏远。意识到这一点时，我真的很失望。

米兰达自己有小孩后，一直以此为戒："这件事给我上了一课，去年一整年，我都记着这个反面案例。我不知道怎么做才能不惹她生气,但我真的想问问她,她的改变是有小孩以后的主动选择,还是有小孩以后自然而然发生的。"

正是因为看见身边这么多职场父母的实例,我们才更无法想象在带娃和工作间切换自如、得心应手是怎么样的体验。当然,我们自己的父母也是实例之一。大众文化总是宣扬"工作养娃两不误",但现实通常是,有了孩子后,我们至少要度过惨淡的18年,可能会受到降职调动,日常被烦闷的琐事填满,面临各种各样的压力,性生活极度匮乏,专业能力上也毫无建树,甚至可能处于精神崩溃的边缘。所谓的"工作养娃两不误",只适用于薪水高、职位高、有钱有势的女强人,因为她们请得起保姆、司机、厨师和管家,以及所有能让她们放手在职场上"向前一步"的帮手,如果还有个不出轨的丈夫,那简直是意外之喜!一位受访者说,她正在和一位哈佛的男教授合作一个项目,据她所知,他年薪百万,但一周只要工作三天。"为什么我从没见过这样的女性?"她说,"完全没见过!女性必须对自己挣得的一切感恩戴德,必须一直非常努力,几十年如一日地努力!"

关于事业和养娃究竟能不能两不误,很多事都会影响我们的看法。有些人的父母没能给出正确示范,他们就更容易受到外界影响。37岁的莱塞尔生活在爱丁堡,为了决定要不要孩子,去年她组织了一次投票,让自己认识的所有父母选择,如果重来一次,还会不会要孩子。"没有一位母亲说会,但每位父亲都表示会做同样的决定。"

她提到一篇令她困扰的文章,里面说没有孩子的美国人比有孩子的过得更幸福。不久后,她听到一个播客采访幸福研究所(the Happiness Institute)的CEO梅克·维京(Meik Wiking),

她说在美国是这样没错，但丹麦的数据则显示，有孩子的人要更幸福，因为丹麦的职场环境对此非常包容。"我觉得很震惊，"她说，"原来是有职场环境是真正把员工当人看的，这让我对自己所处的环境很不满，是我们放任了这种糟糕的现状存在。我自己也会在晚上发工作邮件，直接规定任务期限，压根不考虑是否会造成员工工作量过大。造成今天这样的局面，我们每个人都不是无辜的，所以才更应该改变职场文化，使女性不必为孕育新生命承担额外的后果。"

当前的职场文化对职场父母并不友好，而每个身处其中的人都有责任。我们应该重视个体对整个大环境的负面作用，重点关注这个问题，毕竟这直接影响到了女性产后能否回归职场。

照顾孩子以及产后复工的代价

生育完后回归职场并非易事，不管全职还是兼职，只要他们必须离开家去上班赚钱，都要耗费很多时间，而且还要花一大笔开销。

内尔·弗里泽尔指出，很多人认为，只有特别有奋斗精神的女性，才会生完孩子又回去工作，这说明她"事业心强"，甚至是母性不足，要么就是把赚钱看得比育儿重。她说，工作能满足人的社交需求，让人生更加充实有意义，也更有规律性，是很多人身份认同的一部分：

> 有了孩子后，你会自然而然想重获工作带来的身

份，可能先做兼职，也可能换了一行，可能会把生活重心放在家庭上，但最终还是会想要回归工作。不幸的是，现代职场非常不适合产后复工者。

怎么个不适合法？最明显的就是，产后复工者面临着照看孩子的难题。就像内尔说的：

> 关于养孩子最大的误解就是，认为只要有工作，有收入，养孩子就不成问题；以及，父母真的可以"选择"要不要回归工作。受我们国家的工作制度，以及早期组建服务业的方式（就是很差劲）的影响，许多父母无法负担复工的代价，因为他们的工资根本不够请保姆或付托管费。还有一些父母则是不复工就没有收入来源，即使每周工作四天，在扣掉通勤和照看孩子的开销后每周净收入仅为 20 英镑（我们有一位普勒斯顿的朋友就是这样）。

有些朋友告诉我，现在的托管费高得惊人。内尔说，在英国，2 岁以下儿童的平均托管费是每周 127 英镑，这还是父母兼职工作（即每周托管时长 25 小时）的情况，如果父母全职工作（每周托管 50 小时），费用在每周 242 英镑。[16] 她接着说：

> 在英国，全职员工的平均工资为每周 569 英镑 [年薪约为 29600 英镑]。也就是说，扣掉托管费用 [按一个 2 岁以下的孩子计算] 后，每周还剩 327 英镑的生活费，包括食物、交通和偿还贷款的开支。也就是说，你收入中的 43% 都用于了儿童看护。

我稍微做了点调查，在我所在的萨里郡地区唯一的一家日托机构，3 岁以下孩子的日托费用为每月 1408 英镑，每周送过去 4 天，也就是每天 82.85 英镑，比我应付的贷款还多。

疫情期间，照看孩子对社会的重要意义不言而喻，但也暴露出整个体系不仅存在表面的缺陷，还有内部的深层硬伤，这已经深深影响到社会文化的根基。

目前，尚未找到安全有效的解决方案，但内尔在疫情前提出了一个非常重要的问题：托管到底经历了什么？她在《恐慌年代》(The Panic Years)中写道，在工作地点提供 24 小时免费托管的想法"具有变革意义"。如果愿意的话，妈妈们可以带着娃工作，给他们喂奶，和他们一起吃午饭，同时保留工作、友情、身份这些我们赖以生存的社会养料。前面提到的莱塞尔说，斯堪的纳维亚半岛上的北欧国家在这方面远胜英美，[17] 这些国家允许员工在工作地现场照管孩子，就算是托管，费用也低得多，[18] 企业给员工的产假工资也更高。

如果你负担不起托管或保姆的费用，或者不想劳心劳力在工作和接送之间两头跑，也没有退休的而且还乐意每周帮忙带孩子两三天的父母在当地，那么探索新的职场带娃方式不仅值得，更是必要的。（疫情期间，则是义务所在。）

找到适合你的方法

近年来，灵活工作制成为热议话题，许多网红大 V 都公开表示过支持，比如 Ins 账号为"Mother Pukka"的博主安娜·怀特豪斯（Anna Whitehouse），她发起了灵活工作运动（Flex Appeal campaign）。[19] 克里斯汀·阿姆斯特朗（Christine Armstrong）的书《职场母亲》(The Mother of All Jobs)也提供了不少养娃诀窍（这本书的副标题是"如何一边养娃一边搞事业还能保持清醒"）。她有一条 Ins 说到我心坎里了，她说自己对灵活工作制还有很多顾虑，虽然这是个好事，但也得真正起作用才行。[20] 但就实际情况，以及其他职场母亲的反馈而言，它并没有真正起作用。她们有的表示"只拿到了三四天的薪水，工时也是按照孩子上学时间结算，但实际上却要一整天都在线，完全相当于全职的工作量，甚至还超过了。即便这样，领的薪水却比全职少，还被认为'不够尽心尽力'，公司的加薪或晋升也没有份儿"。

疫情充分展现出企业调整员工工作方式的弹性之大，短短时间内，大部分企业都实现了远程办公。对于残疾人士、患有心理疾病和神经疾病的群体，还有需要照看孩子的人群来说，这种转变很神奇，也很气人，因为这是他们一直以来希望的事，可以在很大程度上解决自己的不便，却一直被告知"不可能"。当然，也不是每家公司都能维持长期线上办公的模式，但疫情确实破除了从前对此的错误观念，比如特定人群不宜线上办公，不管是全职线上还是以此为主。知道了这一事实后，企业会采取怎样的措施，目前仍未可知。

部分领导人迅速适应了现实，比如新西兰总理杰辛达·阿德恩（Jacinda Ardern）和苏格兰首席大臣尼古拉·斯特金（Nicola Sturgeon）。疫情前期，阿德恩提议新西兰实行一周四天工作制，鼓励企业实行灵活工作制，以助力境内旅游，提振国家经济，提高人们工作效率和整体幸福感。

疫情期间的远程办公自然不同于正常时期的灵活工作制,但也能证明远程工作的效率并没有传说中那么低。阿姆斯特朗指出,灵活工作制也许并不完美,也未必适合所有人,但是有一些形式可以保证高效,当前这个情况就是最好的证明。以下是部分实例,展示了参加工作的父母是如何实现有效线上办公的。

○ 分工

我在一档播客节目上结识了安娜·麦克劳夫林(Ana McLaughlin),她提到自己的职位是副宣传总监,平时和同事分工完成工作。我写这本书时,她同意了我的采访邀约。安娜有两个孩子,也一直对分工形式很有兴趣,但从没想过亲身体验,直到她的公司——阿歇特出版社的主管提出这个建议。于是她开始和同事伊丽莎白分工合作,最开始她是在伊丽莎白休产假时临时接替她的,每周上四天班,工作量还能承受,麻烦的是每天要接送两个孩子,通勤时间也很长。

"我很喜欢这份工作,但每天早上,我必须叫孩子起床,帮他们穿好衣服,把我自己收拾出个人样,然后赶在7点半前出门,我丈夫上班很早,没法帮忙。下午4点半我又要离开公司,准时准点地赶车接孩子。"这样坚持了一年,她和孩子都觉得很折腾,每天早晨都像打仗,一天下来更是累坏了,她说:"工作日我没法辅导孩子做作业,也没什么时间和他们相处。即使不去上班,我也几乎每个小时都会检查邮箱,经常要先放下孩子去处理工作。"

好在伊丽莎白产假回来后，一切出现了转机，领导建议她们进行分工，现在周一到周三是伊丽莎白工作，周四周五是安娜工作。安娜指出，分工能不能有效进行，关键看公司的组织安排：

> 最关键的点在于，我们共用一个工作邮箱，有邮件归档系统，分类很细。每个项目都做了详细笔记，每周我们都会交接笔记。好在伊丽莎白和我的工作方式相似，如果对方和我工作风格相差很多，共事会很困难。

我姨妈辛迪（Cindy）在惠普干了很多年，都是以分工的形式，从分工还不流行的时候就开始了。我对这种形式一直很好奇，想知道具体的分工安排，是不是只有高管才能分工。安娜的故事让我知道，要实现有效分工，需要以下几个要素：

- 领导支持分工或对此感兴趣。
- 分工的同事间有相似的工作方法、标准和要求。
- 分工的同事精诚合作，不以自我为中心，会管理嫉妒情绪。
- 企业文化相对宽松，有创新空间，允许灵活工作制。

第八章 父母与父权 何时能"工作养娃两不误"

○ 朝九晚五、朝八晚四

关于一周五天、线下办公的全职父母，阿姆斯特丹的玛吉·范·艾克提供了一个很好的例子。她有一个1岁大的女儿，同时做着全职工作，承担着养家重任。谈及平衡生活、育儿和工作的难题时，她说自己"超级社恐"的性格给自己省下不少时间，"反正我没事又不出门"，同为社恐的我深有共鸣。

她说自己"在平衡工作和育儿方面也不太懂"，但觉得目前的时间安排比较合理，让她不会有负罪感。她早上8点到公司，下午4点下班去托儿所接女儿，剩下的时间可以用来陪女儿，这期间尽量不看邮件，不玩手机。玛吉"严格遵守"这个时间安排，如果晚上需要见客户或开会，她会如实告知，孩子还小，不能没人陪：

> 我一般都直说，到目前为止都挺有用。我觉得那些家庭事业两不误的人都比较有信心，也不会有负罪感。其实朝八晚四可能要做更多工作，但我恪守这个时间，一到4点，我就会停下工作。

○ 为自己工作

除了一周五天、朝九晚五的办公室工作，我们还有很多选择。无论有没有疫情，无论在哪个地区，工作选择会受到我们所处行业、工作经验、专业技能、培训经历等的影响。有时是工作方式上的选择，比如与公司签订分工协议、实行灵活工作制（包括兼职和居家办公）；有时是整个职业大方向的选择，比如当自由职业者,或是自主创业。

奥米迪亚网络投资公司的莎拉·德林克沃特告诉我,许多职场母亲尝过"职场边缘人"的辛酸滋味,于是选择自己开公司,一步步成为企业家。她在主持"谷歌妈妈训练营"(Google Campus for Mums)时,接触到非常多这样的例子:"全球 6 个培训点,共有 650 位女性参与,其中很多人报名是因为得不到原公司的重视,她们的心态是'去你的,老娘要自己开公司'。"

如果你有野心、有能力、有财力,那么对你来说,创业是绝妙的选择。除此之外,自由职业也是一种选择,虽然未必适合所有人(收入不固定;做不完的琐碎零工;总是要催付欠款;没有同事),但还是有很多好处。内尔·弗里泽尔在有儿子之前就是自由记者,她说从事自由职业的父母更懂得时间的宝贵,也会不断精进时间管理的能力。她有段时间凌晨 4 点起床工作,一直到儿子睡醒,在他午休时接着干。她越来越要求甲方按时按量付工资,并且只接"值得做或给钱多"的活。她说:"当你一天 20 小时都围着孩子转,剩下 4 小时做的事就必须精打细算,马虎不得。"

放一首烂歌,让一切好起来

令人震惊的是,关于兼顾养娃和事业,我们没有靠得住的便利设施,也缺乏相应的职场氛围,职场父母不得不自己摸索其中的门道。直到现在,还有不少"超人妈妈"的神话,说她们能力过硬，一人扛起养娃重任，事业上也毫不耽误，她们的丈夫在关系中处于弱势一方，无能也无力帮她们的忙。好像男人在育儿上有先天缺陷，好像只要某些女性研究出了个中诀窍，一切问题就迎刃而解了，一切成功经验就可以复制粘贴了。显然，养娃之余还能快乐工作（兼职、分工等等）的妈妈们都有一个共同点，那就是需要和公司，尤其是领导沟通，且后者要能配合支持她们、理解她们的难处，要足够人性化。

榜样的力量固然重要，异性恋的白人准妈妈当领导当然能鼓舞人心，但这还远远不够。改善现状、找到平衡的责任，不应只落在职场女性和父母身上，只有更广大的社会群体共同承担这个责任，才有可能真正进步。为此，我们需要对乌烟瘴气的职场环境重拳出击，全面利落地进行整顿。这是一种高度概括的说法，关键是要有像杰西·菲利普斯、杰辛达·阿德恩和亚历山大·奥卡西奥-科尔特斯这样既有影响力又立场鲜明的政治家。她们掌权，才能从法律层面推动实实在在的进步。除此之外，我们还需要更多民间力量，比如"Make Motherhood Diverse"运动的发起人之一坎达斯·布雷斯韦特（Candace Braithwaite），[21] 不断为自己坚守的理念发声，为职场父母争取更多权益。

还有，职场呼唤更多女性和有孩子的员工进入管理层，担任行政工作，获得施政权和行政权，这样就能推行有利的措施，改善职场环境，造福周围的多元群体，至少是增加向好发展的可能性。在这方面有一个很棒的例子，Bumble 公司的 CEO 惠特尼·沃尔夫·赫德（Whitney Wolfe Herd）怀孕后，进一步完善了公司的员工育儿政策（此前已经非常人性化），因为她亲身体验后发现还有改进的空间。关于此，杂志《快公司》(*Fast Company*) 上有一篇文章，介绍了该公司的育儿福利，比如在得克萨斯州新建的总部大楼提供员工育儿场所，并发放育儿补贴。[22] 她说："准爸爸和准妈妈享受 9 个月的产假，宝宝出生后，还有一系列配套的福利政策。产假前后还有一段空白时间，怎么保证这段时间顺利实行灵活工作制，这是我特别认真思考的问题。"

得益于职权和地位，惠特尼得以切实推广心中所想，造福更广大群体。这正说明，只有女性进入企业高层，才能真正推动育儿政策的变革。然而另一方面，这体现了权力、经济自由和薪资落差三者之间像贪吃蛇一般的消长关系。惠特尼创立了女性（交友）软件 Bumble，规定只有女性用户可以主动向男性用户发消息，[23] 因为其前公司 Tinder 出了不少男性用户骚扰女性用户的事。走到今天这一步，惠特尼付出了巨大的努力，克服了无数困难，但也有人会说，作为一个性取向和性别认知都符合主流的白人女性，她享有天然的优势，公司育儿政策能够改变，也是因为现在她手握权力，有很高的经济自由。政策改善后，公司能留住更多有孩子的员工，提拔她们进入高层，给她们更多权力和经济自由，而这恰恰使她们远离了薪资落差。

不是人人都能像惠特尼那样，创办公司、当上首席执行官、募集资金，在男性主导的科技界和风投界闯出一片天。但那些手握一定权力、也有天然优势的女性，你们愿意用手中的经济自由，为无力改变的女性同胞出一份力吗？我们需要你们。未来，实现办公室育儿、建立家庭友好型工作系统，或许就看你们了！

对我而言,这才是终极的姐妹情谊——运用优势和权力,为平凡女性创造更多的机会和可能。

所以到底怎么选?

正如我在本章开头提到的,写这本书的时候,我没有孩子,也没有怀孕,只有满腔热情,一心想研究如何在养娃的同时做好一份自己喜欢且薪水不错的工作。当我知道心目中的一位"成功女性"也有了孩子后,我的内心是这样的:

> 她是怎么做到的?她住哪儿?通勤时间多长?每天5点就出门吗?每天都去公司上班?她是不是很有钱,所以请了保姆?因为工作没法陪孩子,她也无所谓吗?她这样的生活幸福吗,还是捉襟见肘?她后悔要孩子吗?她能居家办公吗?隔离期她在干吗?还有闲钱买高定裤子和天价眼霜吗?她觉得满足吗?她的孩子快乐吗,还是已经在看心理医生了?她自己有没有看心理医生,还是她全家都在看?她和保姆关系怎么样?她会不会担心丈夫和保姆有一腿?她会不会想暴打保姆?她气色怎么能这么好,肯定去上普拉提课了吧?看看我自己,没孩子都挤不出时间去健身房!

我希望看到男同事有孩子时,内心戏也能这么多,但我真的觉得在养孩子这件事上,母亲才是主要苦力。("这可是反向性别歧视！"）

虽然我不喜欢"工作养娃两不误"这种说法——因为真的特别老掉牙，而且大部分人肯定会说这是不可能的，但我不得不接受这种说法，因为就像前面章节的三分钟测试中提到的，不管是孩子还是工作，我内心深处其实全都想要。我不只想要孩子，我想要他们快乐，我想随时可以陪着他们，但我也想要体面的工作，这样才能不为钱发愁。我想不慌不忙地接送孩子，想要每周至少居家办公两天。我想孩子有人照管，让我能和丈夫出门过二人世界，或者在需要的时候去见朋友。我全部都想要。

我知道很多职场妈妈在看到第二个"想要"的时候，就笑得直不起腰来了，笑我天真爱做梦。但我希望有人可以不要笑，我希望有人读到这里会说："你可以的，只是要慢慢来，可能要经历不断的试错和重来，结果也未必完美……但不是没有可能。"

正是因为我全部都想要，正是因为我有这样的野心，我现在才没那么焦虑。每天早晨上班前，我会出门遛遛狗，看妈妈们匆匆忙忙准备送孩子骑滑板车去托儿所。每当这时，我心里就有些隐隐作痛，那是害怕与渴望在无休止地缠斗。天啊，我想要孩子，但是，我真的想要吗？每当看见小婴儿穿着可爱的针织衣裳，母性的情感就会在我心中涌动，我忍不住想象自己也有这么一个可爱的宝宝……但我不得不把他留在家里，自己去挤上班的地铁，然后我瞬间就害怕了，焦虑再次攫住了我：到底要怎么做才能行得通？

从本章的几个例子来看，不少女性确实做到了，摸到了门路，找到了窍门。生活中所有事不都是这样的吗？不亲身经历，只是旁观，很难想象到底是什么情况。在工作中，有无数的"紧急"事项要处理；那种必须早退两小时的负罪感，与休年假、请病假时的心情相比有过之而无不及，好像真的没那个空闲去好好做一个母亲。即使时间上允许，心理上和精神上呢？睡眠不足的折磨呢？婴儿是通过从你体内获取营养和维生素来构建身体的——它真的会夺取你牙齿中的钙——那么还谈什么野心、什么创造力？

作家、批评家西里尔·康诺利（Cyril Connolly，1903—1974）曾有名言："大厅里的婴儿车，是精妙艺术的天敌。"[24]（也难怪弗吉尼亚·伍尔夫讨厌他。）关于这句话，有数百篇文章讨论，其中既有支持的意见，也有反对的声音。这句话会刺激到一些人，尤其是从事创造性工作的女性，因为她们最大的担心，就是有了孩子后灵感枯竭，创造力衰退，写不出好作品了。作家玛吉·奥法雷尔（Maggie O'Farrell）2003年在《卫报》上发表文章谈到了这句话，当时她头胎怀孕6个月，凌晨3点会突然惊醒，担心孩子会"像血液吸收血糖一样吸走她的灵感和想法，然后像计算机中了病毒一样肆意捣毁，直到那些文字变得面目全非，不知所云"。[25]

养娃是一项浩大的工程，就这个话题专门出本书都绰绰有余。好消息是，有那么多各行各业的职场母亲站出来说：是的，养娃会占用你很多时间，但也会倒逼你提高效率，从艺术创作的角度讲，养娃还会赋予你全新的视角，为你的作品增添新的维度。萨拉·德林克沃特说，不管是做父母、拼事业还是搞创作，本质上都是在赌："所有这些选择，都是我们跟自己打的赌，是我们押在自己身上的注。这场赌为期十年，在'赌自己灵感不衰'和'赌自己能赚钱组建家庭'中，我们必须选择一个。"

赌了后者，我们可能得付出点代价，有了孩子，你可能需要换工作，甚至换一行干，你的生活和工作不可能维持原样了。（除非你请得起全职保姆，或你的伴侣可以全职在家，或你不在乎自己能不能陪孩子。）

也可能你决定现阶段不要孩子，或者你本人不适合养孩子，比如我自己，思考了大概 33 年，最终决定放弃要孩子了。以前有人劝我，觉得我以后会回心转意，我回以严肃尖锐的小作文。他们凭什么管我？我讨厌养孩子！我讨厌做母亲！我讨厌这整件事！有人曾经坚定不要孩子，后来确实回心转意了，但还有很多人始终如一，不要就是不要，这也很正常。我很羡慕那些毫不纠结的人，他们足够了解自己。

职场中的生育问题

但孩子也不是想要就能要的，还得看每个人的体质。不孕不育、人工受孕、领养、流产、宫外孕，还有很多很多可能的问题，真正的生产和养育过程可能会影响母亲的身心健康。让我颇感惊讶的是，很多人在公司对这些事讳莫如深，我从来没听说哪个人事主管关心员工的这些问题。就像我在本章开头说的，决定要孩子、开始备孕，影响到的不只是家庭。有些女性可能在公司厕所发现自己流产了；在公司吃午餐时还要吃药片和维生素；在 Zoom 会议的间隙用排卵试纸检测，用验孕棒测试；在办公桌上偷偷点开各种 APP 记录生理期；一周约了好几个医生，还得含糊其词地向领导请假："嘿！我最近在备孕，没有按计划怀上，可太难啦！"

生育也有阴暗面。有个受访者告诉我，大多数人事部门对因流产而请的假没有定义——流产伤身伤心，所以应该算病假、恩恤假还是别的什么呢？没有明确对应的分类。

33 岁的莉莉（Lily）住在康沃尔，有过两次流产经历。她说自己在网络上找到了慰藉，尤其是在英国流产协会（MAUK）的脸书聊天群，许多人在里面分享流产和工作的经历。[26] 有一位刚入职新工作就流产了，还有一位也有相同遭遇，她在英国公立医院妇产科工作，却在网上寻求渡过难关的建议。这两个案例足以证明，流产遭遇并不适合向同事倾诉。

流产十分常见，英国流产协会数据显示，每四个妊娠孕妇中，就有一个会发生流产。[27] 许多人都有过工作时流产的经历，他人无意说了什么话，或有什么事刺激到了孕妇，都有可能导致流产。

"流产对身体带来的影响会持续很久，也很难挨，"莉莉告诉我，"谢天谢地，大多数时候我都是居家办公。我流产时差不多出了两个月的血，非常痛苦。我要去看好几次医生，这种情况下，如果还要每天去上班，真的会很困难。"她说，虽然每个人流产的情况不同，但大多数都"痛得会给人留下阴影"，除此之外，流产还有很多不同方面的副作用，人们在职场上不应该继续避讳这个话题。

2019 年的世界生育日，我还在写这本书，领英发起了分享职场生育故事的活动[28]，那是我第一次看到人们公开谈论这个话题，还是在领英这样的知名平台。但如何去讲、讲多少，都是他们自己的选择，每个人都不同。总的来说，我认为，不去推动人们更开诚布公，就不会有改变发生。就像过去5年间，大众对心理健康的广泛探讨，极大推动了这个领域的进步。我希望生育问题，尤其是职场的生育问题能得到更多关注，以及更系统性的解决。

○ 如何谈论生育问题

想知道直接又简单的方法，可以向莉莉学习。流产期间，莉莉摸索出了一套与同事讨论的方法，也适用于和怀孕的同事交流。她先告诉直属上司，然后请她告诉其他管理层，这样省去了和好几个人重复讲的麻烦。她直接告诉自己的团队，里面几乎都是年轻人，没有相关的体验，尤其是年轻的男性员工。

她还做了两件事，觉得很有帮助。

英国流产协会关于流产有一份详细的 PDF 说明，[29] 专供企业使用，莉莉把这份说明发给同事，并回答了他们的许多问题，也委婉地提醒他们，这段时间企业对流产员工存在法律义务。另外，莉莉给很多同事分享了记者莫娜·查拉比（Mona Chalabi）的播客，其内容是与流产相关的数据，里面也提到了人们对此的讳莫如深。这可以帮助同事们了解流产，播客这种形式也更易于接受。[30] 总的来说，莉莉很直接，也很真诚："我就告诉他们，'嘿，我流产了，很难受，但会慢慢好起来。如果你对流产完全没有了解的话，可以看一下这些'。我也和很多人说过，

'我不太想聊这个，不过对流产人士有些注意事项，你不妨了解一下'。"

在 2018 年生下一个健康的男宝宝之前，杰妮（Jayne）有过三次流产经历。她和丈夫一直很想要孩子，四年前结婚后就开始备孕。"第一次流产的时候，真的吓到我了。"她告诉我，"那时我正在公司上班，也不知道发生了什么，后来才意识到是流产了。没人告诉过我这些，如果你知道有多可怕，你也不会想随便和人讲这些的。"

第二次流产后，杰妮把这件事告诉了上司，因为她也经历过生育方面的困扰。与莉莉一样，杰妮的团队里都是年轻人，大家都不了解，也没经历过流产。第三次流产后，她一进公司就走上台，大声告诉所有人她流产了。她什么都没有准备，也没有打腹稿。"我以前的工作要和客户打交道，大家都戴着面具，藏起真实的情绪。办公室就是一大片很开放的空间，很难避开别人偷偷哭。我只能集中所有人的目光，把自己的痛苦讲出来。这就是做领导难的地方，没地方给你消化情绪。"

无论是勇敢地告诉同事，还是默默地承受痛苦，无论是职位所限，还是企业文化不利，在职场度过流产时期实在艰辛。

对人们来说，流产和生育问题无疑会带来重大打击。在找不到人倾诉，或没有准备好告诉朋友和家人时，孤苦无依之感会将人淹没。在附录中，我列出了莉莉和杰妮推荐的资源。如果有人刚经历过流产（我感到很遗憾），可以此作参考。

如何在工作的时候不发疯

你会成为什么样的父母?

我不能替你们决定要不要孩子，也没什么魔法，可以帮你既成为出色的父母，还在事业上平步青云，毕竟我自己都觉得这不太可能。在职场上，参加工作的父母确实处于劣势，大多数国家在这方面的基础性服务都很简陋，这更显得丹麦哥本哈根郊区的生活尤为诱人。然而，在采访了几位女性之后，我认为，参加工作的父母仍有选择的余地，这些余地未必很大，但确实存在。

如果你想成为出色的工作父母，我有以下这些建议：

·把你的诉求和期望明确告诉公司以及客户。

·认真阅读公司的育儿政策，上当地政府官网，确认相关法律权利。

·如果你需要一个更灵活的工作制而你现在的公司不支持这种制度，或许你要考虑是否换份工作。我知道换工作伤筋动骨，但不少理念先进的公司支持远程办公和分工模式。（还不算普遍，但确实不少。）

·考虑过单干或自由职业吗？这样工作时间是不是更灵活，也更方便你带娃？

·对于单亲妈妈来说，最基本的一点，是要和托管所或保姆交代清楚，要和上司提前沟通清楚，这非常重要。最好家人和朋友能帮你一把。

·只要工作环境相对包容，上司相对支持，可以试着模仿莉莉和杰妮的做法，试着让同事了解你的生育问题，不用硬要瞒下来。

· 如果你是在纠结要不要孩子的话，那最有用的是尽可能多接触不同背景女性的经历，了解她们对此的看法，可以听播客、阅读自传，看些相关的纪录片和综艺，比如真人秀《艾玛·威尔士接生记》(*Emma Willis Delivering Babies*)。如果身边没有可以作为榜样的职场父母，Ins 上的女强人准妈妈又不符合你的情况，不妨摸索自己的经验，在翻开这一人生的新篇章之际，走出属于自己的为父为母之道。

要是我有孩子，这一整章就要重写了。不管各位职场人是准爸爸准妈妈，还是决定了不要孩子，还是已经为人父母，还是像我一样，心里想要孩子，却苦于忙不过来，但还在探索，都衷心祝福你们。

第九章

不幸与失败

事业二三事

如何在工作的时候不发疯

辞职是一种解脱，是一种选择，主动权掌握在你手里，也许前方有全新的机会，在等待你大展宏图。辞职就像舞台上表演结束时，一个潇洒而自信的扔麦。

而被迫失业则恰恰相反，这不在你控制范围内，你就像掉落仙境的爱丽丝，渺小迷茫而无助。各种各样的问题，没结清的账单，压在肩上的责任，正快速将你吞没。突然失业把生活日常搅得一团糟，颠覆了你长久以来的身份认知，这就像看着哈哈镜中的自己，诡异又陌生。你的心情像坐过山车，羞愧、激动、气愤、感恩，各种情绪复杂而矛盾，震惊之余又好像松了一口气。

不管是什么原因，丢工作总归不是什么值得宣扬的事，很多人经常好几年之后才愿意旧事重提。就像人们提起曾经的心理疾病和抑郁症，总是轻描淡写："我经历了什么（心理疾病），我的感受是什么，我是如何挺过来的，而现在我活得很好！"再简单不过的叙事，好像战胜病魔后就一劳永逸，再也无须为心理健康发愁。而曾经那些挣扎混乱，都只是在暗处隐秘进行，外人无从知晓。毕竟过程太过艰辛，实在不足为外人道。

好消息是，失业没你想的那么严重，最后一切都会回归正轨，只是这个回归的过程，难免充满辛酸和孤独。当金融危机或新冠疫情席卷全球，当周围的人一个个丢了饭碗，当攀升的失业人数占据头版头条，回归正轨似乎遥遥无期。但无论多困难，我们总要熬过来，生活总要继续，这是头等大事。

第九章 不幸与失败 事业二三事

本章讲述的是职场阴暗面，讲述职场人混乱、气愤或难过的经历，展示广大打工人（包括我自己在内）是如何熬过低谷的，供各位读者参考借鉴，以备不时之需。

裁员 vs 开除 vs 停工

失业还有好几种不同的说法，容易混同起来，关键要区分"裁员"和"开除"。而 2020 年春天以前，"停工"这个词还非常少见。

裁员的意思是，由于公司部门结构重组、预算调整或缩减规模，你所在的岗位变得多余、毫无必要，换句话说，公司不再需要雇用那么多员工了。

被开除则是终止雇佣合同，相当于将你遣散。原因可能是绩效不佳，或是犯了严重错误。

严格来说，"停工"本质上是一种"休假"，即暂时的强制性停工，一段时间后可以复工。停工期间，公司福利保留，但不发薪水，员工也无须工作。2020 年以前，这个词很少用，只在美国政府停摆时，偶尔出现在新闻里。但疫情暴发以来，"停工"已成为常用词。英国政府出台过一项法案，为疫情期间停工在家的部分员工发放薪水。疫情早期，英国税务海关总署称，两周内 80 多万家企业近四分之一员工被迫停工，规模达到近 630 万人。[1]

停工、开除和裁员的概念完全不同，发生的情况不同，企业需要走的相关流程也不同。但三者的结果、经济上的影响和带给人的感受却非常相近。

我失业后都做了什么？

我失业过四次——两次因为裁员，一次因为公司倒闭，还有一次，我被踢出了团队，后来主动辞职了。每一次失业都把我的事业推到了新的阶段。也许我不是那么走运，但至少最后混得还行。被裁员很痛苦，给我带来的影响最大，我被彻底逼出了舒适区，不得不从头探索陌生的领域。第一次裁员后，我尝试创办了自己的电子杂志，这个决定直接改变了我往后四年半的人生。第二次裁员后，我慌张地在各大招聘网站上找求职信息，频繁访问心仪公司的官网。那时 BuzzFeed 刚入驻英国没几个月，我连忙投了简历，成为第七位正式员工（投完简历后，我给 BuzzFeed 推特官方账号私信发了一个搞笑的动图，写着"让我来爱你"）。最后一次失业后，我决定写书，也就是你们现在读的这本。

我只在 *The Pool* 工作了 4 个月，公司就倒闭了。我入职的时候，公司情况已经不太好，那时我以为只是转型期的正常震荡，以为只要新任 CEO 站稳脚跟，安排好各个岗位的人手，销售渠道打开，联系好会计所，就一定能在 2019 年发展壮大。公司内外，大家都在重复这套说辞，我也相信了。

但没多久就出事了。发现公司巨额债务的那天，我刚拔了一颗牙，戴上金属牙套。第二天我不得不和记者周旋，帮临时CEO敲定应急财务计划，试图挽救危局。做这些的时候，我嘴里的牙套还在出血，头痛得快要裂开了。在社交媒体上，与公司有债务关系的民众发泄着怒火，肆意谩骂，要求一个解释。我孤立无援，无力回应，因为我也没办法解释。

混乱持续了几个月，3月，*The Pool* 正式解除了与我的雇佣关系，还发了一封草率的邮件，说明公司破产在即，无法支付薪水。我没太意外，毕竟从去年12月起公司就没有给正式员工发过薪水了。（至于12月以前就没拿到工资的供应商和自由记者，就更多了。）

这是我梦寐以求的工作，却如此惨淡收场，还闹得这么难看，对我的打击之大可想而知。但同时，这件事也锻炼了我的承受能力。面对人们愤怒的指控（可以理解），面对一连串我无法回答的问题轰炸，我做到了在公开场合保持冷静，没有情绪崩盘。我没有诅咒公司高层，没有在推特上激情发长文，没有因为别人决策失败，或运气不好，就把自己搞得一塌糊涂。私底下，我也难受过，生气过，但不是歇斯底里的爆发，而是间歇性的情绪不佳，持续了好几个月。

各种情感充斥着我的内心，气闷、失望、混乱、悲伤，我知道失败的不是我，公司倒闭也不是我的错，但失业让我感到丢脸，不得不面对这个烂摊子让我无所适从。失业后最大的困难，莫过于消化那种难堪而失落的情绪。

直面难关

无论你经历了开除还是裁员,无论你丢工作的原因是什么,都会不可避免地有挫败感,好像你注定一事无成,什么都做不好似的。

32 岁的菲奥娜·奥格雷迪(Fiona O'Grady)"困于按部就班的生活和工作",于是搬到英国寻找新机遇,在伦敦,未来似乎有无限可能。为此,她自己承担了搬家的一切费用。但在新公司,她的工作内容总是不甚明晰。她花了很多时间寻求详细的指示,却总是被忽略。她原先以为公司会提供笔记本电脑,但却没有,这让她大感失望。某次假期时,领导给她发消息,说等她回来后详谈,她心中立刻警铃大作。回来后第一天,领导整天都没理她,等下班了才叫上她一起走,在这段路上和她"谈":

> 我们站在公司外面繁华的商业街上,下班回家的人来来往往。领导转过来对我说:"你这不是在工作,我和其他几位高层一致认为,你不适合这份工作。很遗憾地告诉你,我们没法继续共事了。"他就站在大街上,说出了这些话。过了几分钟,他的车到了,于是他上车走人,我还得上楼收拾东西,毕竟下楼"谈"的时候,我也没想到会被开除。

在大街上被炒鱿鱼!

炒鱿鱼的方式有千百种,不过效果大致相同。但菲奥娜遇到的这种情况，影响尤为严重。"以前我对自己的能力很自信，被炒后我整个人都被击垮了，开始出现抑郁的症状。现在这件事已经过去一年半了，我还没有从它的阴影里走出来。"

谈及被开除的经历，大多数女性会用"丢脸""难堪""震惊"这些词来形容，至于后续，则多用"焦虑""抑郁""创伤"一类的字眼。

被开除后，绝大多数人都会感到难堪。《炒鱿鱼：为什么失业对你来说是天大的好事》(*Fired: Why Losing Your Job is the Best Thing That Can Happen to You*) 一书的作者斯蒂芬妮·布朗（Stephanie Brown）说，两次被开除时，她都感到无比难堪："我没想到我会这么抬不起头，因为那两次我都没做错事，是那两家公司不适合我，趁早分道扬镳是最好的选择，但我还是很尴尬，觉得很丢脸。"

喜剧演员兼作家亚历山德拉·哈多（Alexandra Haddow）曾被一家营销公司开除。"不要让这件事影响你对自己能力的看法。我当时干得不错，但还是被开除了，那家公司并不适合当时的我。被开除不代表你很差劲，只能说明那里不适合你。"最后这句话难道不该成为被开除者的宣言吗？

> 被开除不代表你很差劲，只能说明那里不适合你。

应该把这话绣在枕头上，供被开除者自勉！

难堪丢脸是一方面，失业还可能让你陷入前所未有的危机。失业固然造成了诸多不便，但还有比这更糟的事。有一次我刚刚贷了款（差一点就没贷上），还是费了好大劲银行才同意的。谁知道几周后我就因裁员失业了，我很怕自己没法按时还款，感觉天都塌了,还是一团混乱的天,熊熊燃烧的天。

继 The Pool 倒闭以来,那是我遇到过最大的危机,同时,失业让我觉得没脸见人,我只想找个地洞钻进去,再也不出来。

那种难堪,会让你忘记自己是谁。

你的价值不在于一个职位

失业还有一苦,就是丢失身份感。你的事业、职位,甚至你所在的公司,都是你身份的一部分,有人把这部分看得更重,而有人则看得过重了。

《欲望都市》(Sex and the City)中有一个情节让我印象深刻,卡丽执意要搬到巴黎,还辞掉了专栏作家的工作,为此和米兰达吵了起来。

米兰达:卡丽,你不能辞职,你就是专栏作家啊。

卡丽:我不是专栏作家,我的工作是专栏作家,给专栏写文章。

第一次看到这里时,我 20 岁,梦想就是当一名作家。卡丽要辞掉这么好的工作,还义正词严地说什么只是工作,真是叫我匪夷所思。现在 15 年过去了,我终于能理解她了,工作就是工作,那不是她全部的价值。

如果你在某家大厂工作,逢人就爱提公司名,万一某天你丢了这份工作,这份和你本人联系如此紧密的工作,那么很大一部分的"你"也会随之丢失,这可能会让你难以承受。

35岁的凯拉生活在伦敦，我们聊了她的裁员经历。那是一家科技巨头公司，名头特别响，别人一听到就会眼前一亮，对她刮目相看。她已经在那工作了四五年了，很热爱这份工作，也很努力，满心满眼都是公司。她经常给公司宣传，不厌其烦地讲自己作为公司的一员有多自豪。

"我放弃了一部分的自己，完全成为公司的一员，我把公司当作我本人很重要的特质。"凯拉告诉我，"我把全部时间献给了公司，全职工作嘛，差不多都是这样，还是那种传统工时制的公司。你把生命中最好的年华献给了它，把每一天中最好的时光献给了它，不是吗？"

凯拉的话吓到了我，太精准了，一针见血。我们不都是这样吗？在身康体健时，我们奉献出了自己的时间精力，大好年华……每天坐在办公室，为一点小零食下午茶就感恩戴德，有个充当隐私空间的厕所就觉得满足，我们把很大一部分的自己让渡给了工作，所以某天我们失去了工作，也就失去了自己。这正是凯拉被裁员后的状态。

她经历了一场真正的身份危机：如果她不是某公司的员工，那么她是谁？"我在那里待了四年，我要是没去那家公司，我会做什么？我是谁？我到底是谁？我有什么特点？我要怎么跟别人介绍自己的工作？伦敦人会经常谈及彼此的职业。他们不会问'你不工作的时候一般做什么？'或'你的爱好是什么？'。"

如果不能说"我在谷歌工作"或"我是 *The Pool* 的主编"，我没法回答"你的工作是什么？"这个问题。没有了那些光鲜亮丽的头衔，别人不知道该怎么与你相处，怎么定位你，或用什么态度对待你。如果你是作家，他们只会在意你写的书是否出名，如果他们没听过那家出版社或书名，那他们就不会把你当回事。哦，你写的都是非虚构？我只读战争题材的小说。

凯拉在工作中失去了自己，而一旦工作没了，找回自己就会异常艰难。她还提到，年轻一代特别看重工作，经常会将工作和自己的身份绑在一起，以此来定位与他人的相处。

丢掉工作，意味着被迫将工作和身份切割开来，而更重要的是解绑之后，如何找回自己。我们如何把握这个机会，如何利用这段难得的工作空窗期，如何应对这来之不易的身份转变？

"不要在一棵树上吊死"，这个建议虽然老土，但不无道理。如果你所有的朋友都是在工作中认识的，如果你对自己的身份认同离不开公司，可能工作在你生活中占据过多位置了；而企业里的工作本身，是有不稳定性存在的，不是铁饭碗，也不会完全受你掌控。还有更糟的情况，你自己创业，公司就是你生活的全部。在这种情况下，你需要适当减少工作量，不要让整个人完全围着工作转。不管当下看起来有多稳妥，工作带来的身份终究只是暂时的，不管做了再多年都暂时的。工作会变动，会革新，会消亡，会将你淘汰，即使这些都没发生，你总有一天也要退休的。

当然，也不是说一个人的职业、技能专长要完全与个人分开。比如，我是一名"作家"，但我曾是"BuzzFeed 总编辑"，在此之前，我是"BitchBuzz 的创始人兼主编"，只可惜，做每份工作时，我都将之当成了全部的我。

我觉得最实在的建议（除了做心理咨询），是把工作看作是向企业出租服务和专业知识，一项时限较长、钱货两清的交易。

你算不上"谷歌人"。没有所谓的谷歌人，你就是你，只是你做交易的地方刚好是在谷歌。

这样想的话，万一公司抛弃了你，至少你还能知道自己是谁。

被裁员的那天晚上，朋友带凯拉去 Soho 农舍举办的"豪华食物之夜"，在那里，她度过了"到伦敦以来最美妙的一夜"，也学到了很重要的一课。她奔向多年未见的老友，和他们畅谈曾经快乐的日子，也想起自己来伦敦的初心。"我觉得回到了真正属于自己的生活中。"她说。为了纪念那天晚上，她把那个活动的海报贴在卧室的墙上，以提醒自己，这才是属于你的生活。

修复模式开启

从被开除或裁员的低落中恢复，就像慢慢走出痛失所爱的悲伤，是循序渐进的艰难过程。失业可能对个人造成严重的影响，比如，发现自己怀孕的当天公司将你裁员了，这听起来很魔幻，但确实可能发生，关键是怎么做才能整理好这些情绪。

斯蒂芬妮·布朗说，从理性上来说，开除和裁员有差别，但从感性层面讲，二者并无不同，所以要想从中恢复，也可以采用同一套方法：

> 从本质上来说，开除和裁员都是一回事，都是丢了工作，都令人很难过。如果被开除是因为公司"冤枉"了你，那会比裁员更难受，但总的来说，失业的

感受不会有太大差别。有的人因为不喜欢现在的工作主动离职，却又迟迟找不到新工作，他们的心理也会经历类似被开除和被裁员的情绪。不管出于什么原因，没有工作都很难挨。

关于如何度过失业后突然多出来的空闲时间，斯蒂芬妮提出了不少实用建议。她指出了最关键的心态："如果乐观地看待失业，将其当作学习和成长的机会，那事情就有可能往好的方面发展。如果用消极的眼光去看，觉得再也没有比这更糟糕的事了，那可能真的会很糟糕。"

她说，突然赋闲在家时，可做以下几件事：

- 保持平时的生活规律和习惯。
- 做每日计划表。
- 不要天天睡懒觉。

即使想看三个小时的网飞专场，也要保持生活规律。"我在失业期间，仍然每天早上6点起床，去健身房，像平常一样过日子很重要。这就像在潜意识里告诉自己：'这是我的生活，我自己做主。'"我很同意斯蒂芬妮的说法，要保持生活规律，放平心态。不过，对于那些因为疫情而停工在家的人，处理方法有所不同，因为疫情的消息可能会加重或冲淡停工的失落，外界疫情肆虐，导致各地停工，在这种情况下，要花上更多时间消化停工的消息，也不难理解。

菲奥娜·奥格雷迪还建议，无论如何，都不要在失业时拒绝外界的帮助，不要自己一个人硬扛："我们很容易因为丢了工作而感到羞耻、没面子，但事实上，这不是你的错，这种时候，更能分辨哪些朋友是真心，哪些是假意。经济条件允许的话，你可以进行心理咨询。出于种种原因，我自己过了很久才去做心理咨询。"

对有些人来说，早上6点去健身房（甚至去健身房这件事本身）不太可行，因为失业后财力不足，难以负担高额的会员费。心理咨询可能也不可行，费用是一方面，还得看英国医疗系统安排的等候时间。可能现阶段的你负担这项费用比较吃力，这也没关系。

我从我和受访者的经验中，总结出了几条失业后恢复心情的小妙招，不需要健身房和心理咨询也可以做到：

·播客是你的好朋友。不一定是自助类或工作类播客。想要心情好点，可以听轻松搞笑的节目，独自在家，同事不在身边，播客可以很好地驱散失业带来的孤独感。

·在能力范围内，做想做的事。网飞的马拉松比赛、料加得很足的比萨、二手书店的爱情小说、最喜欢的电影，都是能给你带来慰藉的事物。对我来说，几集《善地》(*The Good Place*)还有《先见之明》(*The OA*)。[注：《先见之明》太好看了，其编剧兼演员布里特·马林（Brit Marling）是个天才，这部剧真的会上瘾，让人忘记一切。]

·表达自己的感受，即使是负面情绪。可以写日记记录，向最好的朋友倾诉，把情绪化为语言，这也许很难，但能帮你发泄、消化感受，而不是憋在心里。

·关注日常小事，好好照顾自己。不要瘫在沙发上胡思乱想，满脑子都是消极的想法，动起来，找点事做，适当做点体力劳动，比如散散步，打开 YouTube 上的免费瑜伽教程跟着练，或者泡个时间很长的澡。好好爱自己，不要责怪自己。

还有一点，在恢复阶段，不要急着在领英上投简历，慌不择路地找新工作。斯蒂芬妮·布朗的个人网站上有一篇博文"被炒鱿鱼后的生活"（"Life After Fired"）[2] 谈到，除了不要着急忙慌找新工作，失业后的另一大忌就是对前公司耿耿于怀。她说：

> 放下吧，都过去了。利落而又骄傲地转身离开。怀恨在心，不愿释怀，最后伤害的还是你自己，不是公司。一旦你走出公司大门，里面没人会记得你，所以你也要忘了他们。向前走，别回头。执着于过去的是非只会阻碍你前进的步伐。前公司里如果有很好的朋友，先走出这个阴影，翻开新篇章，再和他们见面吧。听他们讲前公司里的钩心斗角，抱怨前老板的不是，无益于你摆脱失业的噩梦。

失业后要多长时间才能恢复，这没有定论，每个人都不同。到了某个时刻，你终会走出失业的阴影，迫切想工作赚钱，但这个时间点取决于具体情况——失业之前有没有提前通知，有没有遣散费，有没有花园假期（gardening leave），或者有没有预支工资，有没有（经济方面的）困难。不要对一个失业的人说"你还有 X 天可以恢复,然后马上回去上班!"这是一种羞辱。我一般会说,给你几星期休息,尽量慢慢调整,消化难受的情绪。

莉莉生活在康沃尔郡,最近她供职的国际出版公司在进行结构重组:"被裁员的那天早上,我发现自己怀孕了。我当时想,这是多小概率的事件啊。"如果像莉莉这样,时间太不凑巧,或者亟须对未来有一个大致规划,那也有方法。莉莉说她浑浑噩噩地哭了几天,然后花了"一天时间看余额和预算","又奔波了一整天,见各种各样的人,参加工作面试,复习简历上的经历"。做了这么多事后,她感觉好多了,也许这会适用于你。但她也先停了几天,消化情绪,忘记之前的不愉快,并没有无缝衔接地找工作。

其实,失业后不一定要逼自己做很难的事,把自己折腾得很累,好好休息比什么都强,休息到"好,接下来做什么呢?"这样的想法跳出来,休息到某一瞬间你对未来突然燃起了希望,这个时候,也许你可以开始准备新工作了。(我当时就是这样。)

也许,失业在家的某个时刻,你突然发现自己不用像往常一样在公司附近的连锁咖啡店抢昂贵的三明治了,然后你想,就这样过下去吧,你累了,你再也不工作了。但最后,你会的,只是需要一点时间,放空一下你的大脑。

失业后切忌陷入与人攀比的泥淖,不要和人比惨,更不要和没丢工作的前同事比。攀比是一个无底洞,你已经摔了个狗啃泥,为什么还要折磨自己往下跳呢?遗憾的是,有些人就是做不到不攀比。

找到积极面

在和凯拉对话时，她提到了一个很有趣的观点。在失业时不妨这样想：你只是千千万万失业大军中的一个。熬过最初的震惊，平复对生存问题的担忧后，你可能会开始想，与其他同样失业的人比起来，你现在还有哪些优势。

当凯拉知道有些同事不仅丢了工作，还被吊销了工作签证，甚至失去了家庭唯一的收入来源时，她觉得特别愧疚。"我团队中有些失业的人还生活在不发达国家，"她解释道，"所以对他们来说，这份工作真的非常赚钱，在当地根本找不到这样的待遇。"

所在国家经济水平的差距，属于先天优势，应该感恩，但后天条件的攀比，实在是失业后一大忌。

在一些比较极端的情况下，整个部门团队或大半个公司都被裁员，一定会有很多闲言碎语，如"她老公还有工作，真好"或"至少你没有孩子要养"。我听到过未婚的女性员工愤愤不已，因为她丢了工作，不得不搬回去和父母住，而已婚同事却还有自己的房子，还有靠谱的丈夫。这完全是身在福中不知福，毕竟她还有父母可以随时为她提供庇护。同时，她想当然地认为，只要有伴侣就能过得很好，显然这是不现实的。2020年疫情期间，家暴求助热线接到的求助电话暴增，可见经济状况不佳时，不管是和伴侣还是和家人一起生活，都不见得有多安稳。[3]

当然，对有的人来说，失业造成的经济打击没那么严重，比如有存款、父母健在、不用付房租的人，等等。比起那些子然一身的人、独自带孩子的人、存不住钱的人、家人不在身边的人，前者的经济压力要小得多。但失业使生活变得无法预知，也会使人变得冷漠麻木。当许多人同时失业，且对个人经济影响较大时，总有人忍不住刻薄他人，宣布自己最惨，受到的打击最大，但这对所有人都没有好处，只会让你变成毫无同情心的冷血混蛋。

The Pool 倒闭时，员工中出现了一个奇妙的现象，算得上是失业的副作用。大家开始在社交媒体上比惨，就像给悲惨故事开了场奥运会——谁负债最多？谁最忧虑？谁最气愤？谁最走投无路？谁最难过？谁受影响最大？谁骂得最狠？谁自以为知道内情却被耍了？没完没了，令人备感无力。不是裁掉一个部门，而是整个公司的员工都失业了，自由供稿人和供应商（以及很多没有在社交媒体上谈论此事的人）几个月的薪水都打水漂了。这场比惨大会在社交媒体上刷屏，实在很吊诡，好像每个人都争着要做最大的输家。还有不少幸灾乐祸的发言，兴奋而残忍地扒着别人的隐私，这是很低级的娱乐方式。我看过脸书和 WhatsApp 上的截图，有些话说得很难听。

我不知道这句话的出处，但经常听人说：溺水时，不管是在水下 7 英寸，还是水下 7 英尺，都没有差别，溺水就是溺水了。换句话说，如果你正遭受不好的事，如果你很苦很难，如果你失业并在为钱发愁，这就足够难受了，不是吗？别的细节还重要吗？一点也不。然而，与不发达国家的同事们比起来，你生在发达国家已经有很多天然优势了，你的失业状态已经比他们轻松得多了，认识到这点重要吗？非常重要。

不是要在比惨大会上拔得头筹，要静下心来，想想在糟糕境遇下，生活中还有什么值得感恩的事，也许这才能更好地治愈你。看看你所拥有的，看看你身处的富饶国家，而不是和其他人比谁的处境更糟。证明了你的损失比别人更大，你的口袋比别人更空，然后呢？这对你来说有什么意义？你又想以此赢得什么呢？

下一步怎么走？

失业后，很多人都面临这个问题：在重新求职时，如果对方问到上一段工作经历，应该怎么说？

37岁的人力部门主管阿特利尔·乔·吉尔摩（Atelier Jo Gilmour）说，在决定找新工作时，不用太担心新公司对曾经工作经历的看法："通常情况下，只要你表现出从过往的经历中有所收获，体现出处理事情的老道和熟练，面试者不会太在意那些。如果你自己还没从过去走出来，还觉得拿不出手，那就不要急着找新工作。"

斯蒂芬妮·布朗有相同的观点：

> 失业没什么见不得人的。这在现代职场再正常不过了，所以只要你没做什么违法乱纪的事，不用支支吾吾拒绝跟人解释。很多人失业是因为公司不合适，我觉得这也是对新公司最好的说法。2014年，我有8个月时间都在求职，在面试时我会解释说，以前的工作因为不合适我，在实习期就离职了。解释过后，所

有招聘者再问及相关问题时，都没有超过两分钟。如果有面试官问得比较细，我会回答：我一直坚信个人价值观应与公司的理念和文化相符，这样员工才愿意为公司尽心尽力，做出最好的成绩。这就把关于以前的工作的问题，转化为让新公司留下好印象的加分点。

只要你已经释然，不再憋闷愤恨，就可以在面试新工作时讲述从前的工作经历，但细节把握要适当，视角态度要客观。如果你对前雇主还耿耿于怀，一提起就愤愤不平，言辞刻薄，你的面试官一定会注意到的，并且肯定不欣赏你说老东家坏话的行为。所以，在你没准备好时，千万不要轻易面试新工作。

不妨把失业期当作新的机会，尝试新的事情吧。

寻找黑暗中的希望

刚丢工作时，你可能觉得看不到希望。稍微恢复一点后，一旦你开始思考"下一步怎么走？"，就是时候行动起来了。不过，"下一步"也未必是找一个与上一个工作半斤八两的职位，甚至未必是一份工作。

在公司裁撤自己所在部门时，38岁的戴安娜得到了一笔丰厚的遣散费，这给了她新的选择机会。她喜欢在企业工作，如果没有这次裁员的话，她不会考虑转行。她把裁员看作一次阐释新道路的契机，也是一次巨大的机遇：

> 我在考虑做数据科学家，闲暇时我自学了一门相关课程，想提高自己的能力，接下来我会花钱培训，巩固好自学的知识，试试看能不能转行做数据科学。我当年毕业时，这甚至还算不上一个职业，但裁员推动我做出换赛道的选择。想多赚点钱的话，为什么不尝试新领域？但如果不是裁员，我大概率会继续原来的工作，因为企业福利很不错，我对薪水很满意，所以哪怕上司很难对付，我应该也不会换工作。

对于经济条件过得去的失业人士，或得到丰厚补偿金的失业人士，我建议你们千万不要浪费这个机会。机不可失，未来未必有这样经济压力小的时候了，所以请在你自己身上投资。如果有条件培养新的专业技能、创业，或给自己放一段很长的假，那就不要错过，抓住这个机会。不管开始时如何艰辛，都不要随便放弃，新的可能性正是从困难中孕育而生的。

如果经济条件不允许，为生活所迫，你不得不刚失业几天或几周之后，就开始找新工作，那我要特别强调，无论如何，至少要给自己几天时间去恢复整理，认真想清楚下一步想做什么。记得保持平和心态，对自己好一点。也许你没钱说走就走，然后飞去巴厘岛过三周的瑜伽假期，也没法摇身一变就成为室内设计达人，在 Etsy 上卖起穗子流苏，但还有很多爱自己的方法（本章前面有讲到），能帮你清空杂乱思绪，化解失业的苦闷。

"我失业时，妈妈给了我一条古老的建议：所有事都不会白白发生，"29 岁的娜塔莉告诉我，"当时我还不信，但后来我发现，要是没被炒，我不会变成现在的我。只有外界的推力，才能逼我前进。失业后我创立了自己的公司,在这个过程中,我发现自己的能力远比想象中强。"

菲奥娜说,在失败的"跨洋搬迁"后,她学会了相信自己的直觉,听取他人的建议:"有人提醒过我,前老板不怎么靠谱,但那时我一心只想换种生活,做有挑战性的新工作,迫切想要改变的兴奋让我忽略了自己的直觉,无视了他人的忠告。"现在她还学会了为自己争取更好的待遇。

失业并不意味着无法重新工作,也不会毁了一个人的人生(除非他们因此进监狱了)。对大多数人来说,无论失业多么难受,请继续探索,吸取教训,找到更光明的路。

一切都会好起来的

丢了 *The Pool* 的工作后,我不知道怎么度过大把空余时间。

最开始的几天,我只是心不在焉地一遍遍刷新我的简历,随便打开什么能看的剧,一播就是好几个小时。每天,我都会遛上一个半小时的狗,路上听着播客,风雨无阻。我还会花点时间考虑新工作的事,这是以前从没有过的。

在这样的恢复过程中,我决定不再做全职工作。我创立了自己的第一个网站,开始接些编辑顾问的活。我还决定写一本书,以过来人的身份,帮职场人顺利应对我经历的这些事情。我找了一个文学代理人,交了好几次出书提案,被驳回了很多次,但最后,我出版了这本书。

回顾这一路，我并不是在某个时刻、某份工作、某次机会后突然转运的。我曾经铤而走险，寻求帮助，曾经很努力寻找机遇，也坚持着自己的想法，是这一切为我赢得了一个又一个绿灯，一次又一次肯定。现在，我专注于积极面。

在本章中，我分享了很多女性的故事，她们很坦诚也很善良，毕竟即使用了化名，失业经历也不是什么好开口的事。对所有失业的人，我的建议是：给自己一点时间，给自己一点空间，在家里想哭就哭，想生气就气，觉得难受了就发泄，出门遛遛狗，多听点播客，然后试着做未来的规划，算账时用不惯Excel表格的话，还可以请个会计帮忙。

你不是一个人，你只不过是丢了那糟心的工作。

你能挺过去的，你会挺过去的。

第十章

预警与直觉

找工作如何避雷

如何在工作的时候不发疯

决定辞职找新工作，决定接受某公司的职位，这些都是关乎人生的大事。求职之旅并非畅通无阻的坦途，而是令人神经紧绷的过程，兵荒马乱，众说纷纭，求职咨询师和父母总有一套套说不完的理论。求职很难，Instagram 上再多的励志语录和鸡汤文学，在求职面前也不过是隔靴搔痒。

本章将为求职者指明方向，帮助你打赢求职信息战，避免遇到前两章的奇葩领导和同事，为你在工作中避雷躲坑。

关于准备求职面试，有太多经验和建议可以介绍——要向 HR 提什么问题，要特别注意什么，如何谈到想要的薪资，还有怎么判断要不要辞掉当前的工作，奔赴更广阔的天地。我采访了许多资深招聘专家、人力资源经理、出色的人事经理（这个岗位真的有大佬！），还有许多工作经历丰富的女性，整理出高质量求职干货，帮你避免求职时踩雷、吃亏，让你省去说那句职场人的经典台词："如果我早点知道这些就好了。"

就我个人来说，这些年我也算见过不少场面，也做了很多——呃——有意思的职业选择，但最后却是惨淡收场。须知这些选择算不上错，只是如果我一开始了解得更多，一定会在所处的职场环境中更加游刃有余。

即使一路走来跌跌撞撞（还颇有怨言），但重来一次的话，我不会后悔，哪怕心理健康受影响，哪怕金钱上吃了不少亏。我唯一后悔的，就是没有遵从直觉和本心，而是把公司和领导当神一样供着，在他们面前战战兢兢，如履薄冰，对那些警示视而不见。我希望每份工作、每个领导、每家公司都是自己理想的状态，都符合自己的期待，都是我脑海中幻想的样子，所以我压抑自己的需要，我不问不合时宜的问题，我老老实实工作，因为我怕打破"这是我梦想的工作，一切都很完美"的假象。

这种隐忍会带来各种后果，有时是"哦，这有点糟糕但勉强能忍"的想法，有时是公司出事，被迫下岗，几个月工资打了水漂，落得个囊中羞涩，我在 The Pool 的同事都是如此。所以，相信我，有任何不好的苗头，都应该重视。

我亲爱的读者朋友们，你们可以以我为前车之鉴，本章其他女性分享的故事也同样可以借鉴。

当然，随着疫情后全球经济复苏，劳动力市场也会变化，不会像之前几百万人同时失业那样可怕。不用过分关注失业数据和就业需求，不用等到经济动荡时才想着"早知道"，你需要关注的是自己。关注你真正想从工作中得到什么，然后一步一步、踏踏实实地走。经济萧条的时候，更应该关注自身，了解自己对工作的底线是什么，哪些可以让步，哪些是刚需。最重要的是，明白你看上的是这份工作的哪一点：工作时间灵活？能锻炼你的能力？还是工资丰厚？在劳动市场局势不乐观的当下，了解自己求职的底线，可以助你专注于自己想要的，做出明智的职业选择。

赢得新公司的青睐

不管是与招聘公司合作，收到猎头公司的橄榄枝，还是自己海投求职，都需要进行面试（或者"随意聊聊"，通常指在不熟悉的咖啡馆面试，面前放着咖啡，而你太紧张了以至于根本喝不下），对方会问你："那么，有什么问题想要问我的吗？"

事先声明，这一章不是教你面试技巧——这部分会在资源附录讲，而是教你判断求职的公司是否适合你。**要记住，公司在面试你的同时，你也在面试它。**

招聘是一场双向选择，即使你没有入猎头的眼，即使你觉得自己只是侥幸得到面试机会，即使你觉得这个公司就是你的"梦中情厂"，即使这就是你最想要的工作，你也要"面试"他们，确定他们真的适合你，适合现阶段的你，不要一头扎进自己狂热的幻想中。

不要紧张得屏住呼吸，忘记你正坐在梦寐以求的办公楼中紧张地等待审判，克制住在公司大厅自拍的冲动。你要保持平静，就像来过这里千百回一样。你要学美国足球巨星梅根·拉皮诺（Megan Rapinoe）那样，自信满满地对自己说，"我值得！"[1] 你的确值得，你配得上这个机会。问题是，对方配得上你吗？

面试时也要保持拉皮诺精神。哪怕再迫切地想要这份工作，哪怕紧张得下一秒就要吐了，还得平稳呼吸，假装你非常自信，假装你对现在的工作比较满意——就算你刚失业，整天穿着睡衣刷领英，惶惶不可终日。面试官不需要知道这些！你相信自己能胜任新工作，现在你要做的，就是考察这家公司是不是最好的去处，最明智的选择。

在这里你能获得进步和发展吗？你的事业能更上一层楼吗？还有，这一步是否符合你接下来的计划与预期？在选择职业时，想清楚你到底想从中得到什么，这一点非常重要——虽然很大一部分原因是想得到维持生活的钱。

面试开始前，想清楚你想从这份工作中得到什么。

·想得到新平台，进一步发展职业生涯，希望长期做3～5年。

·想为达成某个职业目标做准备，比如创立自己的公司，自己做老板。

·不是非要这份工作不可，但就算只待一年，这段经历也能为你的简历增色不少，为你以后的发展铺路，让你有机会做真正想要的工作。

·临时性职位，只打算做短期，快速学习一项新技能。

·该职位还行，但工资福利很不错（比如丰厚的产假待遇）。

·入门的初级工作，适用于现阶段刚迈入新行业或事业刚起步。

·该职位可以让你尽情发挥创造力和专业技能，不用费心管理，责任比较轻。

·该职位能解决你的生活需求？也是正当理由，但还是要搞清楚，对于这种养家糊口的工作，有没有什么期待？

明白你想从新工作中得到什么，才能确定你要问面试官什么问题，以及你需要特别关注什么地方。

我问过 Heist Studios 的谢丽尔·弗格森，面试中到底应该问面试官什么问题，以及在整个谈话过程中应该特别关注什么。她说："首先要看谈话是不是双向的。因为这可以看出在那家公司工作的感觉。"

谢丽尔列出了一些面试中适合问、可以反映出这家公司的特点的问题。

- 公司是怎么规划员工的职业道路的？
- 公司是如何选定岗位继任者的？
- 公司是如何跟进和评估员工业绩的？如何帮助员工发展以及提拔员工？
- 员工在该公司通常工作多久？人员流动率高吗？
- 员工入职后一般要多久才能晋升？
- 公司总体的管理层结构是怎么样的？

"这些问题能看出很多东西，"她说，"如果回答含糊其词，说明公司不太重视你提问的这个方面。如果回答很详尽，说明公司真的对此很关注。"

电通安吉斯的麦迪·阿米蒂奇说：

> 有些问题可以问出很多东西。"现阶段公司的规划与目标？""公司未来五年的规划是什么？""公司最主要的愿景是什么？""公司最有志于深耕的领域是什么？""你在放假时间会做什么？""公司对这个岗位

的员工有什么期待?"这些问题能帮助你判断这家公司适不适合你,符不符合你的要求,这就是一场反向面试,一场双向的考察。记住,你也在面试公司。

谢丽尔·弗格森还有一条建议——与公司中的员工接触,不要只限于和招聘经理或面试官交流:

> 可以要求和该公司的某个员工代表聊一聊,不同于与招聘官一对一的面试,这位员工也可以参与进来,公司一向鼓励多方参与。当时招聘的岗位是首席运营官,我们请员工代表进行"下对上面试",通过他向应聘者汇报工作的形式进行面试,也能让应聘者更直观地体验公司平时的运作模式,不管他们觉得适不适合,这是一场全方位360度的了解。

谢丽尔说,一般来说,公司都很欢迎这种全方位体验式面试,如果他们不同意,那要引起警惕了。但如果你应聘的公司与你目前所在的公司是对手,出于避嫌的考虑,对方很可能不同意你直接与内部员工见面,甚至面试地点都不会定在办公室。为了避免这种情况,可以和对方公司的高级员工约一顿早饭或午饭,他们有分寸,知道保密。也可以在他们下班后喝几杯,边喝边聊,或用社交活动做幌子,这样别人不会知道你其实是在"面试"公司。

真希望我当时知道,面试时可以这样提。可以提出去公司办公室看看员工平时的工作状态,感受一下真实的工作氛围,听听他们的交谈——为什么要等到入职第一天才做这些呢?工作是生活的重要部分，为什么面试时不能见见未来的同事、提前感受办公室的环境、观察一下真实的企业文化？即使你面试的岗位只需要远程办公，我还是建议你，有条件的话，见见公司里的员工（除非总部大楼太远，过去一趟要大费周章），或者至少开个 Zoom 线上会议，和一两个未来的同事聊聊。

尽早排除"雷点"

正式入职时，很多隐藏"雷点"都看不出来，所以才更要在面试时多问问题，问具体的问题。

比如，如果你工作之余会接不少私活，很需要充足的时间精力来做副业，也希望公司允许员工有做副业的自由，那面试新公司时就要特别注意这点，尤其是全职工作。

27 岁的吉娜－穆尔·巴雷特（Gena-mour Barrett）来自伦敦，她说自己工作之外的副业给了她另一重独立身份，这对她来说很重要。所以公司限制员工接私活是吉娜的一大雷点。在面试中她会确认这份工作会让她在多大程度上"属于"公司。在她以前做的全职工作中，她觉得甚至连空余时间也无法由她做主。现在吉娜会问"工作与生活的界限在哪？"，会不会影响她工作之外做副业和接私活。

如果你看重这点，就要像吉娜这样，从一开始就问清楚公司是否允许员工参加演讲活动、接其他公司的私活、写诗和出版书籍、周末有其他安排从而没法到公司。面试时，不要隐瞒你平时的工作习惯、时间安排、你看重的条件、你对工作的期待，应该把这些坦诚告知。

同样，如果你家有小孩要照顾，需要灵活的工作时间，也一定要在面试时就讲清楚。38 岁的海伦·麦克贝恩在制药公司工作，对她来说，灵活工作制是重中之重："我最需要的就是灵活的工作时间。要是有公司跟我说'你必须每天待在办公室里'，就是精准踩雷了。都什么年代了，为什么还一定要死守全勤主义那一套？"居家隔离期间，不少英国企业已经被迫实行了远程办公，再要否定灵活工作制的现实可能性可就难了，无异于打自己的脸。

海伦指出，在求职面试或最初几次交流时，一定要遵从自己内心的直觉，这很重要。如果发现不是很喜欢对方公司的人，或总觉得对方公司的领导不太靠谱，留心这种感觉，要留意对方给你的印象。如果只是有点淡淡的尴尬，或对方人很好也很热情，可你觉得还没熟到下班后可以喝一杯的关系，那问题不大。但如果他们让你难堪，或者话里话外给你使绊子，或他们的说话方式让你反感，那毫无疑问，这些感受会一直伴随你以后的工作。

如果面试已经是噩梦，入职后只会更糟

面试新公司时，对方的风格、提的问题和留给你的印象都能说明很多问题。我从过去经验中学到的重要一课就是，在成

功的面试中，你可以预知到未来的工作体验。

谢丽尔·弗格森指出，要特别关注面试的风格及提问的内容。如果对方在面试时有意施压，意图考察你的抗压能力，那未来在工作中，他们同样会长期对你施压。你希望在压力大的环境中工作吗？

谢丽尔还表示，如果公司在招聘过程中的沟通含糊，表意不清，让你对公司的宗旨云里雾里，那很可能入职后的工作要求也不会很明确，这家公司要么根本没有明确的愿景，要么缺乏表达和陈述的能力。你希望在这种含含糊糊的公司工作吗？

海伦·斯泰茜（Helen Stacey）是 Aspire Jobs 公司的董事、总经理兼老板，她有三十多年的招聘经验，见过各种成功或失败的招聘。和谢丽尔一样，海伦也认为从面试过程中就可以窥见这家公司的整体真实情况："对于花心思投简历和参加面试的求职者，如果不及时回复消息，这很给公司的理念和形象减分。我还知道有面试官迟到半小时之久，实在很不尊重应聘者，对方对公司的印象分一定大打折扣。别忘了，现在的就业市场是应聘者有优势，优秀的人才手中都有好几家公司的录用通知，如果在招聘过程中不守时，不抓紧，对方很容易会在心里给这家公司画上一个大大的叉，直接排除考虑。"

我完全同意谢丽尔和海伦的观点，我自己就有这样的经历。

有一家公司的主编给我发邮件，要定期和我约稿，我当时立马就回复同意，询问下一步操作，但对方没回复。我是如此的兴奋，然而又如此的担心，因为我想不通他为什么不回复我，是不想和我约稿了吗？等了一周，我又发邮件询问，结果他说："啊，不好意思，完全没看到您的回复！"偷偷剧透：这家公司也挺乱的，一年半后就倒闭了。

入职某家科技巨头的第一天，招我的团队忘记了我哪天入职，我在附近的星巴克等了两个小时，等他们准备安排我入职。好不容易来了人带我回公司，第一件事就是去团队领导开会的会议室，给我安了一串花里胡哨的头衔，我听都没听到过。偷偷剧透：两个月后公司突然来了一场大规模调整，我所在的部门整个都被裁掉了。

还有一家公司，我面试的职位是主管，而面试我的是公司当时唯一的一位女主管。入职第一天，我发现她不在公司了。她离职了，所以我成了公司唯一的女主管，也是管理层里唯一的女性，还是这家公司三十多位员工中唯三的女性之一。偷偷剧透：那里的环境真的对女性很不友好！

还有一次，一位招聘经理口头承诺录取我，直到几个礼拜之后，才发来了正式的书面录用通知，导致我一直没法从上一份工作离职。而之所以拖了这么久，是因为招聘经理联系不上公司唯一的负责财务的主管，只有他同意签发我的工资，才能发录用通知。而那时这位主管正在伊维萨岛玩得不亦乐乎，电话、邮件通通不回。偷偷剧透：这就是猝不及防停发员工工资的那位。

不过我在谷歌的经历才最说明问题。

○ 我的谷歌求职：不良招聘案例分析

谷歌的招聘过程分为多个阶段，历时 3 个月之久，要经历 14 场面试，可真是"有意思"啊。最初几次邮件往来后，有意招

如何在工作的时候不发疯

我的团队与我进行了一次电话面试,并要求我完成一项任务。

任务很简单,而且更适合我三年前的岗位。到此时为止,对方给我的感觉是,我应聘的是一个"比较高级"的职位,于是我提出,现在给我布置的任务比较基础,似乎不像什么高级岗位会做的事。招聘者再三向我保证,这个岗位对我来说绝对够高级。请记住,当时我已经是非行政岗的主管,还是前公司的股东。

最能说明问题的(甚至是最无语的),就是谷歌要求我去伦敦分部进行一整天的面试。我必须向当时的公司请假一天("啊,我今天约了好几个医生……"),去了之后才知道,我要和四个人一起面试,最后变成了六个人。

这轮面试有一个环节,我要和未来的上司(当时我不知道),以及一位年轻的女员工(我入职后,她将向我汇报工作),一起交谈一下。这个安排很好,但关键是我们三个事先都不知道这事,也完全不了解彼此的基本情况,所以场面有点尴尬。最后,我还被拉去和其他团队开视频会议,而对方对我是谁、我们开会要干什么、我应聘的职位一无所知。我们当然只能紧张地尬聊,聊到一半我还被踢出会议了。(挺好的,终于解脱了!)这一整天折腾下来,唯一的好事——也不关谷歌的事——是遇到了我后来的至交好友,她是我在谷歌这几年的精神支柱。

通常情况下,面试结束时我都充满信心,为自己感到骄傲,按捺不住兴奋地等待结果。但谷歌这轮魔鬼面试下来,我感觉很不好,回家路上,在拥挤的公交上,我捧着焦糖星冰乐痛饮,焦虑得直流眼泪。

那天过后整整两周,我没有收到任何消息,我以为自己被刷了，很是难过了一阵。结果招聘者突然打来电话说，他们很欣赏我，觉得我完全能胜任这个岗位，但他们认为人力资源部那边有疏忽，招我的时候"岗位等级搞错了"。听起来很荒唐也很武断，但这说明在谷歌，不同等级的职位对应聘者有完全不同的要求，同样，员工在争取晋升时，需要与同等级职位的人比较工作表现来进行评估。因此，为了匹配我的专业能力，招聘者决定把我换到一个"特殊内容岗"，而此前他们甚至不知道公司有这么个岗位。（有种官僚作风的感觉！）

招聘者告诉我，更换应聘岗位后，我还要与其他候选人进行三场面试。"好的没问题，"我满口答应，"反正我已经是面试专家了，再来三场算什么？"我的内心实际是崩溃的，焦虑再一次裹挟了我。

最终，我无波无澜地完成了这三场面试。等待我的是又一次电话面试，对面是第一次面试时聊过的两个人。然后我得到了口头录用，对方通知了我薪资待遇，没有商量的余地，不是"够不够"的问题，而是"要么接受要么走人"的选择。但能得到这份工作，我还是很激动的，当时也没想着要去谈工资，也没考虑过留在原来的公司，毕竟那里也越来越待不下去了。

我毫不犹豫地接受了谷歌的工作。几周之后，我被邮件告知，入职后我不是按之前说的，归于部门主管之下，我的上司变成了第一阶段面试中的那个尬聊对象。我整个人都蒙了，也很失望，但既然已经决定加入谷歌，也只能服从安排。

面试中经历的这种种波折，在后来几年的谷歌生涯中不断放大，不断重演，导致这份工作对我来说异常艰辛。简单来说，团队本来不需要也不打算招募我这种资历的人，而真正的工作职责与我想象中的也完全不同，我和整个团队的适配度也不符合预期，这是一场巨大的误判。

必须承认，写这些让我觉得很没面子，很丢脸。其实在招聘过程中，有很多信号已经很明显了：我不适合这份工作。但我当时太想进谷歌了，也太想摆脱当时的工作了，所以对之视而不见。我没有问过自己，到底期待从新岗位中获得什么，只是一直纠结于自己"够不够格"，忧虑自己专业能力上能否胜任，考虑工资高不高。我没想过这份工作能带来多少满足感，没想过它是不是灵活工作制，也没想过它到底是创造型工作还是只是简单完成任务。我没想过自己想要什么、需要什么，明明心里已经退缩，已经知道自己不行，还是傻傻地相信，只要谷歌要我，也许有一天我会够优秀、够机智、够……每次我去国王十字区的谷歌公司参加面试，我只想要它的大门对我敞开，让我进那又大又新的办公室工作，我想要找到归属。

正义、价值观和风险

在招聘过程中，个人诚信、品德和价值观也是很重要的一部分。

对于看重包容性和多样性的人来说，如果走进公司看到清一色的白人面孔，可能下意识会觉得不对。这个问题是否重要到让你宁愿在面试时短暂尴尬，也不想进公司后长久痛苦？是否值得你在面试时大胆提问："我很喜欢你在 *Campaign* 杂志上那篇关于包容性和多样性的文章，不知道贵司在打造多样化的员工队伍这方面有什么规划？"

对于支持男女同工同酬的人来说，如果面试时看到公司只有一位女性员工，你会怎么试探这方面的信息？会不会问："我个人很支持职场，尤其是管理层中的性别平等。方便的话，可以告诉我贵公司在性别平等方面的战略吗？"

这些话题并不轻松，但面试官对这类问题的回答，会告诉你需要知道的一切。答案可能会出乎你的意料，比如公司正在经历相关的转型和调整，这可能会让你有勇气成为部门中的四个女员工之一，可能会让高管中唯一一位有色人种这个身份更有意义。但如果你不开口，可能就没有机会知道这些。不要急着指责，而是应试着踏出谈话的舒适区。

尽管如此，还是有些事很难开口，比如你希望看到公司在性别平权方面取得成绩，但公司过于保守，那你真的能在这样的环境中如鱼得水吗？是不是只能一遍又一遍解释"酷儿"和"跨性别者"的概念，还得忍受他人的忽视——即使是无心之失，即使没有恶意，这样的工作真的值得吗？

求职时还需关注公司环境对心理健康的影响。为了最大限度发挥才能，这方面需要特别的关注。

《当你悲伤时请记住》的作者玛吉·凡·艾克说，心理健康问题比较棘手，但这是求职时无法规避的问题。她自己没有在面试时就自爆心理健康状况，而是强调自己的理念，认为企业应该包容各种人格的员工，而不只是适合职场的领导型和外向型人才。在那场面试后，她被录用了，人力资源部门的同事后来告诉她，公司正在积极推进人才队伍多样化建设，不只是肤色、性格，还有思考方式和心理模式的多样化："对于大脑的不同思维方式,我们更加包容,这也是在逐步提高心理健康问题在职场的讨论度。"

玛吉在社交媒体上公开了自己的心理健康状况,还给很多报刊写相关的文章,也写了一本关于心理健康的书。我问她求职时会不会对心理问题有所顾虑:

> 招聘者经常会上谷歌搜索应聘者的信息,或者关注他们社交平台上的动态。面试我的人有七个,其中两个关注了我的 Ins 和推特,在上面我分享过很多与自己心理问题有关的内容。在这种情况下,我觉得他们应该都知道了,没必要在面试时再讲了。这还挺有利的,给我省了鼓起勇气讲这些的麻烦,让我感觉面试时可以小小地偷一下懒,做个鸵鸟,但其实不该这么做的。

玛吉称之为"做鸵鸟",但我不这么认为。我觉得这正体现了社交媒体在求职时的积极作用,个人社交平台可以代替我们发声,替我们说那些不想说的话。而对于公司来说,调查过应聘者的背景,了解到他们的心理健康问题之后,他们的处理方式可以反映出公司的理念和文化。如果刷掉某个应聘者,是因为担心他会抑郁或焦虑症发作,影响工作,那这样的公司大可不必去。

记住,社交媒体上的内容是公开的,潜在的客户、招聘经理,以及你自己有意招揽的人才,都能轻易看到。(像被浇了盆冷水般瞬间清醒了?那不妨趁现在赶紧锁上 Ins 的一些内容……)

提前了解求职的公司

求职时,要对你应聘的公司提前做好功课,毕竟未来你可能成为其中一员,你的名声可能与其息息相关。

需要提前了解:

· 在谷歌新闻、推特和 Glassdoor 之类的网站上搜索该公司名称。(听起来很废话,但我经常会忘。)

— 人事主管有没有什么丑闻上过新闻?

— 规模比较大的公司,有没有性别和种族的薪资水平数据?

— 公司的谷歌官方图片中,是不是只有白人员工出镜?

· 上一条也适用于招聘经理和公司 CEO。

· 如果是初创企业或小型公司,点进其公司注册处的网页了解。

— 注册的账号是不是最近更新了?

— 近几年新增了多少位主管和董事会成员?

— 人员流动率高不高?

· 如果不明白该公司的商业模式,问清楚!

学会谈钱

大家都不喜欢谈钱。事实上，比起为自己讨价还价，要求增加 1 万英镑薪酬，我宁愿质问对方女性在管理层的占比问题。

在薪资问题上，我觉得女性员工都有自己的一套默认规则，彼此之间互相知会。我听过各种各样的说法，很多我都不同意，可能年轻时我自己也教过别人一些错误的薪酬理论。

这次，我和很多女性、人事专家和招聘者聊了薪资问题。

这是我学到的东西：

○ **你目前的薪资水平不会影响你未来的薪资**

谢丽尔·弗格森说：

> 两份工作的工资之间没有必然联系。你知道自己意向的职位在就业市场中价值几何吗？有 Glassdoor 之类的资源，不难去了解整体的行情。很多人默认必须公开此前的工资水平，而这将直接影响到未来求职的待遇。两者毫无关系！重要的是市场行情，没有哪个公司会去翻应聘者以前的工资账单，也没有渠道去查，他们只会根据公司预算，按照他们认为合理的金额来发工资。

所以下次招聘官问你："理想的工资待遇是多少？目前的工资是多少？"你可以说："就市场行情看，这个岗位的薪酬大概在 6 万英镑，因为我相关资历很丰富，所以我的期待值在不少于 7 万这样的水平。"

如果招聘官追问你目前的薪资,你其实没必要告诉他们,可以回答:"这跟我之前做的岗位完全不同,公司规模也差很多,所以与之前的工资没有可比性。"

但如果必须回答一个数字,我偶尔会说多一点,说多 1 万英镑以上。毕竟如果招聘官不关注市场行情,或者一贯根据此前的工资水平来决定新员工的工资,而你之前的工资又确确实实比应聘的岗位少 1.5 万英镑,那说实话对你并没有好处。

我欣赏实话实说的人,但对大部分人,尤其是女性员工来说,这样做很不利于为自己争取更好的待遇。

一个 29 岁的记者也是一谈起工资就紧张,她说:"别人一问我薪资预期,我就会说:'现在我的工资是这个数,我希望和这个差不多。'我知道不应该这样说,但我怕说太高,对方会觉得我不值这个数,不要我。听起来很傻,但我真的会担心。"

我太懂她的感受了,不敢说高其实是担心起反作用,引起招聘者的反感,觉得我们不配这个薪资,他们会在心里暗笑我们的自不量力,笑我们不切实际的贪心,甚至直接收回录用通知,请另寻高明吧。剧透:不会有撤销录用通知的情况,至少我从来没听说过。如果真有这种事……这种公司真的靠谱吗?不妨把它当作上天在提醒你:快跑!

○ 做好市场调查非常重要

为防止以上反作用发生,最好的办法是打好信息战,充分了解过后再去谈,所谓信息战,也就是市场调查。"市场调查"

听起来可怕，说实话不上谷歌查，我还不知道怎么做这玩意儿。所以我请教了凯特·普利亚斯科娃（Kate Pljaskovova），她是She Wins[2]组织的创始人之一，该组织致力于教授女性商谈工资的技巧，帮她们在入职前或在职业生涯中期为自己争取更好的待遇。她建议：

网上搜索资料

先建一个表格，划定搜索范围（比如职位、地区、行业、经验年限、公司规模等），收集大约30条数据，很多网站都会提供相关数据，你可以比较近似职位、行业和地区的薪资、奖金和其他福利待遇。

与招聘者和人力资源专家谈谈

招聘者成千上万，大多都很乐意与有意向的求职者沟通，告诉他们类似岗位的信息。多和几个招聘者聊聊，最好是三到五个，如果有渠道，也可以和其他公司的人事交流。

凯特建议问他们以下问题：

- 您觉得像我这样的员工做这个岗位，多少薪资合适呢？奖金大概多少合适？其他福利待遇怎么样？
- 您知道以我目前的水平做这个岗位，一般的工资区间是多少吗？
- 如果要在这个行业拿到×××的工资，需要几年经验以及怎样的专业水平呢？

和类似岗位的男性交流

什么？和男性谈工资？其实有点道理。凯特说，和相似岗位的朋友交流，在领英上找类似职位的同僚，和管理这一块的领导联系，了解其下属员工的工资水平，这些都是很好的方法。提问时不要过于具体，要表现得内行一点，比如："就你的经验来说，我这个工作的期望薪资大概应在多少？"而不是直接问"×××赚多少？"

○ 把工资往上谈要慢慢来，挑对的时机，不要狮子大开口（第一次面试千万别急着说！）

一般来说，在求职早期阶段，招聘者就会问你工资预期，也会告知公司给这个岗位的工资预算，但也有其他情况。

工资到底应该在什么时候谈？

如果是直接和聘用你的公司对接，那在英国，普遍做法是等对方提起这个话题，由对方主导，但不要等到对方发录用通知之后才谈。否则万一到招聘流程走完才发现对方预算大大低于你的预期，这时候你该如何自处？谢丽尔·弗格森建议：

> 我倒觉得，未必就不能主动提工资的事。如果你觉得对方对你感兴趣，就可以试着点到这个话题，可以这么说："我还想确认一下，在一些实际问题上，我们有没有共识？"或"不知道贵司这个岗位的薪资预算和市场行情是否一致？可以谈谈这个吗？"只需要稍作了解即可。除了你求知的岗位，还要关注五个最近招收的其他岗位或近似的岗位，了解这些岗位的工资、它们分别对公司的影响、会带来的效益，找出这些与工资水平间的对应关系。

在有些国家和文化里，工资话题比较敏感。玛吉生活在荷兰，但在英国也有工作，她说，荷兰人谈工资的方式和我们差很多。

在荷兰，如果面试还没完就问工资的事，对方会觉得很奇怪。必须先进行面试，走完整个招聘流程，才能知道工资多少。在英国，公司可能会提前告知薪资，但在荷兰是不会这样的。荷兰人在很多事上都毫不避忌，但不知为什么，在钱的问题上讳莫如深，不愿多谈。

因此，求职时是否要谈工资，一定要考虑对方的文化环境，尤其是自己不熟悉、以前没有接触过的文化，要记得事先做好功课，了解对方在钱这方面的态度和习惯。猎头也许会给你些建议，你也可以上网搜索，或参考霍夫斯泰德文化维度理论（Hofstede Index）之类的资源，以帮助你充分了解不同国家的文化差异和价值观念的不同。[3]

○ 以真诚自然的态度谈薪酬

我见识过不少并不高明的谈薪酬技巧，求职者态度强硬，据理力争，提着不切实际的薪资要求，这很尴尬，也没有意义，公司不可能给到那个数，或是他们的能力并不相符。谈判对每一方来说都并非易事，但如果其中一方像律政剧里的辩护律师一样振振有词，或像众议院里为选民进言的国会议员，那简直是噩梦。"在获得我方要求的酬劳，以及确保今后都会按照此标准发放薪酬之前，有尊严的女士拒绝从事任何劳务活动！"

搬出这套根本没用，要是你按《薪资谈判入门指南》（Salary Negotiation for Dummies）里的语气和措辞讲话，或者让你是就业律师的朋友用只有法官才能理解的语言帮你写邮件，对你的薪资谈判并无帮助。谢丽尔说：

> 对女性来说，薪资谈判更加困难。因为在社会的一般印象里，女性不会进行这种相对强势的对话，很少不服从权威一方。所以女性一旦态度稍微强势了一点，就总显得底气不足，也令人意外，很容易发生冲突。要懂得运用点技巧，以更符合你人设的方法进行薪资谈判。我个人喜欢在谈判时准备一个商业案例，事先做好详尽的分析调查，然后在谈判时展示，用这种方式证明自己的能力和价值，证明我值得更高的薪资待遇，而不是只会说"工资给我加一百！"。这很不像我会说的话。我觉得各位女同胞也可以试着探索自己的风格和谈判方式，不要太过颠覆自己给人的印象，尽量做到真诚自然，这样才能事倍功半。

如果你是自由职业者

对于个体户来说，最大的难题就是如何报价。我不了解你的工作经验、你从事的行业，所以没办法给你具体的指导，但你还有谷歌（还有社交媒体）呀。可以问问认识的同行，听听他们的建议。相信大家都听过一个说法，如果怕甲方拒绝就以低于正常水平的酬劳承接工作，其实是在削减其他同行的议价空间。如果每个人都接受过低的薪资，那整个市场的标准酬劳就会被拉低。

值得一提的是，我一直担心这种现象发生，却从来没有一家公司在听过我的报价之后，斩钉截铁回复我说："这个价没商量！我们要去找其他人接活儿。"偶尔，对方会要求稍微降低一点价格，我也会答应，总是可以商量出双方都满意的价格的。

还要记住：

·接工作前，先问清楚日薪。（有一次我忘了问，结果最后的价格仅仅是我平常报价的20%，我当然有错，对方也有错，最后闹得非常尴尬。）

·要提前确认结款期限（完成后30天、45天，还是90天？），还有支付频率和开账单的流程。如果合同要你去到某地全职工作，但你两个月之后才收到第一笔工资（月底才开账单，开完还得再等一个月才打款），可以要求预付部分工资作为保证，也可以每周或每两星期结一次，哪怕只是第一个月如此。

·如果是一场临时工作，记得提前询问设备情况（是否有笔记本电脑、桌子和显示屏），是否需要额外开支，是否有其他津贴等，这些可能会影响你的工作和表现。

·保留发票，找个会计管账。相信我，绝对不亏。

如何判断何时应该离职

工作陷入僵局时，最好是另找下家，但找准时机可不容易。

离职与否，受很多情况影响。当然，有时这也不是我们说了算的，比如不幸被裁员或开除。还有时，生活会送来一个大大的惊喜：我们被猎头看中了，一个绝佳机遇从天而降，根本无法拒绝。还有的时候，离职是因为现在的工作真的糟心又痛苦。

就离职问题，我咨询了伦敦一位心理咨询师：

> 说实话，不少来做咨询的客户提到，他们工作时经常在内心呐喊"我要离开这里！"我很理解他们，也想帮他们。每个人的承受能力不同，关键是想清楚自己最看重的是什么，对于这个问题，每个人有不同的答案。所以很适合在心理咨询时谈论离职问题，因为这能促使人们思考自己的价值排序。具体情况具体分析，如果你已经处于劳累过度的状态，抑郁倾向明显，每天都排斥去上班，对工作毫无留恋，在这种情况下我会支持你考虑离职。

我个人认为，要是工作已经影响到心理健康，也许就该考虑换份工作了。

还有一点很重要，不要把职场焦虑现象和正常的情绪波动、间歇性的压力混为一谈。了解自己间歇性的正常情绪起伏，才能在不良情绪持续不散时更快觉察，在工作引发心理问题时及时发现苗头。

辞职前，请确定：

- 你已经给了这份工作足够多的时间，不一定是一年半载这样具体的时段，而是要给足自己时间，确定自己真的不喜欢它。简单来说，你入职的时间会不会太短了？会不会还没来得及认识其全貌就草率辞职？
- 你和公司里的人认真严肃地沟通过。这个人可以是上司、同事、人事主管或高管。
- 你在工作中设定了清晰的边界，也努力尝试维持心理健康，但未能达到预期效果。
- 你找搭档或员工组织之类寻求过建议和帮助。
- 你向职场导师或教导官坦白了离职想法，并阐述了理由。他们认真帮你想了下一步该怎么走吗？
- 你考虑过在公司内部调换岗位。有条件换个部门工作吗？在公司有没有人脉能帮你通通气？
- 对下一份工作、下一家公司有自己的想法。离职能给你带来什么好处？

总之，我的建议是，尽一切所能解决问题，把能试的办法都试一遍。如果以上几点都做过了，在公司还总是浑身不痛快，心情也郁闷，而且在这种环境下工作，连心理状态都受影响，一心就想辞职不干，那就跑吧。快跑！你自由了！

重要附注：如受到职场霸凌或侵犯，则无须完成以上事项。安全第一，必要时采取法律手段告他们，并且立刻、马上逃！

不要为了和好友继续共事（和免费下午茶）勉强留下

很多人想辞职，却因为不想离开公司里关系亲近的人而选择继续干。当公司里有你最好的朋友、最亲密的伙伴时，离开变成了很艰难的选择。很难想象去一个完全陌生的地方工作，好友和伙伴都不在你身边。然而很多时候，是他们先离我们而去，这同样令人难过。

黛西·布坎南在她的书《姐妹情谊》中写道，在 Bliss 杂志工作时她遇到了佐伊，经历了最初的互相嫉妒，两人成了最亲密的工作伙伴、最好的朋友。然而佐伊选择了离职，也离开了黛西，希望去闯出自己的事业。佐伊走后，黛西的事业反而更上一层楼，我问她对这段关系的看法：

> 我们都才二十几岁，正是阅历不足而野心有余的年纪，我们内心都蠢蠢欲动，跃跃欲试，一起度过了许多愉快时光——很幸运，公司氛围好，工作也很有趣。佐伊的离开像是突然证明了一个事实：我们是可以离开的。公司就像一个舒服的温室，而佐伊推倒了外墙，让我看到外面世界的残忍可怕，但同时，我也知道了外面的天地有多广阔。

两人的工作都很舒心，也都有"跃跃欲试"的野心，这对她们的友情起到了积极作用还是消极作用？黛西说，她认为和同事吐槽、抱怨对工作的不满，确实能在短时间内迅速拉近关系，但时间一长,就会有隐患。"如果看到周围人胸无大志地混日子,你也提不起干劲,只会待在舒适区。如果你总是怨天尤人,向别人倒苦水,内心深处却因为无法改变现状而深深焦虑,这就是一种预警信号。"

公司里没了那个和你一起吐槽的人,你会觉得生活都没滋没味,所以放弃职场友情选择离职才会这么难。毕竟,如果你们所有的话题都有关领导和工作,那么一方一换工作,这份交情可能也就渐渐淡了。

"公司里的人都很好"也不是留下来的理由。有一群特别棒的同事固然很好,但"很好"的人到处都有,如果他们真那么好,你们关系真那么亲近,那即使不做同事也能时常见面。你还是可以关注他们的社交账号,知道他们的近况。你是离职,又不是人间蒸发。我还经常和很多前同事在推特和 Ins 上聊天,以前在同公司工作时只能在 Slack 上发消息,没什么机会私下联系,现在正好能在社交媒体上闲聊,不用讲公司那堆糟心事,这不是很棒吗?

同样,公司的优渥条件也不应绊住你离开的脚步。我以前工作的一个公司,大楼里有全套的动感单车设备,有深层组织按摩服务,员工折扣价非常优惠,还有一天三餐供应,还有免费拉花咖啡(公司专门雇咖啡师来做的)。还有一家公司,给员工发酷炫的 T 恤,工资丰厚,创始人是有头有脸的名人,每周有一次免费的啤酒局和比萨大餐,圣诞节会开派对,每周五有面包可以领。

如果公司的健身设施、工资待遇等对你来说是必要条件,那这些可以是你留下的理由。但要是你压力过大、过度劳累、工作不开心，那再多免费食物、关系再好的工作伙伴也不足以让你留下。仅凭一个好同事没法拯救整个公司不良的工作环境，你的时间精力、心理健康也远比免费零嘴更值钱。

辞职前，制订财务计划

我不建议在没有任何金钱规划的情况下就辞职，哪怕你运气好有存款，最好也不要把多年积蓄花在租房子和解决温饱这种事上，存款不是这么用的。

在还没离职前找好下家，绝对比裸辞后再开始找容易得多。手头还有一份工作时，不用为生计所迫，想赚钱的迫切不会影响你对新工作的判断。你有时间好好做功课，搜集新岗位的相关资料，了解有意向进入的行业。这些事要耗费不少时间，在待业状态下，你可能没那么多时间。

不管是恋爱关系、友谊还是工作，找准抽身而出的时机是一门艺术，真的很难刚刚好踩对那个时间点。如果你内心正在经历"去还是留"的挣扎，希望你能从本章的建议和案例中找到答案。

祝福所有决定离职的人，祝福所有决定留下的人，祝福所有做足调查，即将开始新工作的人。在充分了解后做出的决定，才是审慎而有价值的选择。我真心希望，我曾经做过的那些莽撞草率的选择，能让各位引以为戒，避免各位重蹈覆辙。

尾　声

对女性来说，今天的职场堪称修罗场。我们既要做女强人，又要善解人意，让所有人喜欢。我们既要实现梦想，又要保持体面励志的姿态，人前不能有丝毫不堪和鄙陋。我们的职场沉浮，却仅限于那一小圈光鲜亮丽、身居高位的人。她们通常是女性工作俱乐部的会员，支付着昂贵的会员费，坐在某个以远古时代女英雄命名的包间里参加分享会，而这位冠名的女英雄可能根本付不起入会费……

广大女性群体疲于应对奇葩上司，每天都要焦头烂额地和他们打心理战，在这种情况下，我们很难挑战体制，要好好地为女性权益而战更是难上加难。但是，我们能做到的！职场上，很多事情我们无法改变，但依然有很多事，在我们力所能及的范围内。

我们能决定如何使用时间，怎样设定边界，如何调整压力。我们能处理好工作，能开口谈那些不愉快的话题。我们能提出自己的需求，为自己争取外界支持、灵活工时，或是在下周五休假去逛博物馆、吃网红店。我们越是了解自己，越是明白自己想要什么，明白自己的动力何在，就越能管理好自己的精力，越能把时间花在真正重要的事上,而不是迫于需求疲于奔命。

如何在工作的时候不发疯,这个问题最终的答案就在我们的行动中,在生活小事中,在日常交往中,在应对大小困难的方式中,在对时间精力和脑容量的投入中,同时,也在我们休息调整的时间中。

如何在工作的时候不发疯?为了回答这个问题,本书探索了各个角度,提供了多种答案。而以下要点,是我精选出的总结备忘录:

- 在解决棘手问题、应对上司同事时,学会进行高难度谈话,敢于扛住压力,提出难开口的要求。
- 清楚对当前和未来工作的期待,学会向这些期待靠拢,主动为自己争取;在工作中,为自己的时间和精力设定边界。
- 接受不能改变的事,改变能够改变的事。尽力去修复与上司的关系,接受失败的结果;尽力与同事好好相处,接受内心的嫉妒;尽力做好自己的事,不管他人的破事;要么忍受不适,要么换个环境。
- 了解自己的心理状况。什么情况会影响自己的情绪,进而影响自己与客户、同事和上司打交道?嫉妒情绪说明了什么问题?在原生家庭中受的情感创伤,是否被带入了工作中?
- 认真思考你真正想要从工作中得到的是什么。工作不是你的全部,职位不是你的身份。
- 关注身体与内心的联结。这点很重要,且具体做法因人而异。最最重要的一点,是学会倾听身体发出的信号,明白心理压力影响身体的征兆。

再见了,超级忙碌的女强人生活

2020年,我们都得到了一个惨痛的教训,那就是生活中有太多不可控的事。但为数不多的我们可以选择的事项,是如何爱自己,还有如何工作。即使压力大到好像全世界都在压榨你,也要记得隔一段时间休息一下,该喝水喝水,该上厕所上厕所。不要因为"太忙"就瞎折腾自己的身体,强撑着工作,生活上要好好照顾自己。不要等到什么疫情才有理由休假,工作中要常停下来喘口气,休息五分钟。别把这当成偷懒怠工,否则哪怕看起来工作节奏适中,效率也不会高。"我不要安于平庸,要做到出类拔萃。我不需要休息,谢谢!"天啊,我今天一整天都打不起精神,还忘记吃午饭!一直忙着搞业绩……

要记得按时下班,要在日程表上为私人生活预留出时间,如果需要经常出差到处飞的话,记得每次回来后休息一两天,调整状态。

要及时关注身体的反应,观察引起你压力飙升的因素,多听别人的意见,多从别人的经验中学习,不论何时,切记,保持放松的心态。对,你有6封上司的紧急邮件要回,挤不出时间午休,还有刚起步的公关项目要跟……但你休息20分钟,清

尾声

理一下大脑,听听最新一期"欲望箱"(Thirst Aid Kit)播客*,世界不会因此就停转,你总要停一停,才能重新出发。

不要忘记内心真正想要的东西,不要忘记激励你野心的动力。过量工作时,我们很容易忘记初心,变得疲于奔命,只为填补内心的虚无和空缺。就像笼子里的仓鼠不断踩着滚轮奔跑,我们一刻不停地忙碌,好像这样就能掩盖生活中真正的问题,好像这样就能证明,我们仅凭意志力和手机就能主宰自己的时空,好像这样就能证明自己的能力。也许我们努力想要做出点成绩,让母亲也能刮目相看一次;也许你想着更新自己社交媒体上的简介,加上高大上的头衔,让和你不对付的某人吃一惊,最好能气得他们一整天都食不下咽。这些事不能填补你内心的漏洞,相信我,不可能!

举个例子,某天晚上我犯了傻,在关床头灯前打开了邮箱。看到邮件主题的那一瞬间,我就知道这封邮件一定会让我炸毛,让我焦虑爆表,血压与肾上腺素齐齐飙升,绝对别想睡觉了。我知道一旦我点开它,就要至少花上20分钟,憋出一个完美而讨巧的回复,而且一定会影响我丈夫入睡,而他明天一大早还要赶飞机。所以我决定不看,等第二天早上再看。整整8个小时,我没有点开那封邮件。结果怎么样呢?大家照样活得好好的,啥事没有,一切都无比正常。我把这件有那么点逆反心理的小事发到推特上,立即引发一大堆评论,基本上都是——"我的天,你怎么做到不点开看的???"

这只是一件小事,却对我和我丈夫的睡眠有很大影响,第

---

* 大声感谢宾和尼古拉!

二天我神清气爽,精力充沛,邮件回得也更顺溜,一整天都没感到焦虑。在这些事上,我还在不断学习。如果每天都做出这么点微小的改变,时间长了会发生什么呢?

"年轻人啊,无忧无虑地奔跑吧"

写这本书是为了帮助读者在当代职场更好地生存下去,开放式办公也好,餐桌上居家办公也罢,即使只有一两条建议对你有用,让你改变了与上司的相处方式,或减轻了你在不顺心时的巨大压力,我都会感到很欣慰。

如果你也和从前的我一样,会在工作时躲到某个角落平复心情,调整呼吸,会躲到公司各种奇怪的地方掉眼泪,我希望这本书能帮你深入不良情绪的表象,找出工作中情绪不佳的根源。

世界上不存在完美的工作,这个事实可能不太容易接受。有时,我们不愿将就;有时,为了维持健康的工作状态,我们不得不逼自己忍受现状,我明白,这不是什么值得激动的道理。从小到大,我们对自己抱着很高的期待,设定了很高的要求,要事事做到优秀,不落人后,所以一时间我们很难转变思维,认识到工作投入 75% 就好,剩下的精力应该留下来做别的事,留出感情陪伴孩子。

我始终坚信,工作不是生活的全部,更不能偷走个体的身份,不能剥夺生活的乐趣。就像音乐剧《女服务生》(*Waitress*:

The Musical）中詹娜（Jenna）唱的那段，餐馆和顾客拿走的不只是她的服务，工作已经侵占了她生活。如果你也有这种情况，是该做点什么来改变自己了。改变并非易事，格洛丽亚·斯泰纳姆（Gloria Steinem）曾说："真相会给你自由，但真相首先会令你愤怒。"确实如此，但冷静下来后，你会怎么做？

我很期待你接下来的做法，如果本书帮助到了你的话，别忘了在社交平台上给我留言——我的账号列在资源附录里了。我等不及听到你们在职场探索与嬗变的故事了。你值得一份满意的工作，做自己喜欢、能带来满足感的工作。你值得体面的薪酬待遇，不必每天在崩溃边缘反复横跳。我希望人人都能有这样的工作，我相信在不远的将来，世界将会大不相同，毕竟当下的疫情已经催生了许多永久性的改变。人们体验了灵活工作制，也见证了心怀良善的企业领导能产生的力量。

感谢读到这里的每一个人，感谢你们愿意倾听我对职场的看法，了解我的改进建议，因为你们，我曾经那些坑人的工作经历都有了意义，不再只是不值一提的倒霉事。

祝福你们，亲爱的读者朋友，祝你们早日找到"如何在工作的时候不发疯"这个问题的答案。

附 录

资源

○ 通用资源

组织

ACAS: www.acas.org.uk/

Citizens Advice: www.citizensadvice.org.uk/work/problems-at-work/

Equality and Human Rights Commission: www.equalityhumanrights.com/en

Mind: How to find a therapist: www.mind.org.uk/information-support/drugs-and-treatments/talking-therapy-and-counselling/how-to-find-a-therapist/

○ 网络资源

How's Work with Esther Perel: https://howswork.estherperel.com/

○ 出版物

Brené Brown, *Dare to Lead* (audiobook) (Random House Audiobooks, 2018)

Brené Brown, *The Power of Vulnerability: Teachings of Authenticity, Connection, and Courage* (audiobook) (Sounds True, 2012)

Alison Grade, *The Freelance Bible: Everything You Need to Go Solo in Any Industry* (Portfolio Penguin, 2020)

Viv Groskop, *How to Own the Room: Women and the Art of Brilliant Speaking* (Bantam Press, 2018)

Jennifer Romolini, *Weird in a World That's Not: A Career Guide for Misfits, F*ckups, and Failures* (HarperBusiness, 2017)

○作者联系方式

Instagram: @CateSevilla
Twitter: @CateSevilla
LinkedIn: linkedin.com/in/CateSevilla
Email: catesevilla.com/contact

○第一章　大权在握

ACAS on discrimination, bullying and harassment: www.acas.org.uk/discrimination-bullying-and-harassment

Forbes, 'How To Deal With A Bullying Boss' (includes Gary Namie's 25 most common tactics adopted by workplace bullies): www.forbes.com/sites/jacquelynsmith/2013/09/20/how-to-deal-with-a-bullying-boss/#a3f25783d378

Lean In: www.leanin.org

National Bullying Helpline: www.nationalbullyinghelpline.co.uk/employees.html

Search Inside Yourself Leadership Institute, 'SBNRR – Stop, Breathe, Notice, Reflect, Respond': https://siyli.org/downloads/SIY_Handouts_2Day_SBNRR.pdf

Douglas Stone, with Bruce Patton and Shelia Heen, *Difficult Conversations: How to Discuss What Matters Most* (Penguin Random House USA, 2010)

TUC on bullying: www.tuc.org.uk/resource/bullying-work

UK Government advice on your legal rights: www.gov.uk/workplace-bullying-and-harassment

The Workplace Bullying Institute: www.workplacebullying.org/

○第二章　妒火中烧

Daisy Buchanan, *The Sisterhood: A Love Letter to the Women Who Have Shaped Us* (Headline, 2020)

Viv Groskop, *Lift as You Climb: Women and the Art of Ambition* (Bantam Press, 2020)

Lucy Sheridan, *The Comparison Cure: How to be Less 'Them' and More You* (Orion Spring, 2019)

○第三章　鱼和熊掌

'Armchair Expert' podcast: https://armchairexpertpod.com/

BuzzFeed, 'How Millennials Became the Burnout Generation': www.buzzfeednews.com/article/annehelenpetersen/millennials-burnout-generation-debt-work

The Cut, 'The Ambition Collision': www.thecut.com/2017/09/what-happens-to-ambition-in-your-30s.html

The Energy Project: https://theenergyproject.com

How To Academy, *Elizabeth Gilbert on Life and Love* (video): www.howtoacademy.com/videos/elizabeth-gilbert-on-life-and-love/

Lean In, 'The "Broken Rung"': https://leanin.org/women-in-the-workplace-2019

Lenny, 'The Psychic Stress of Being the Only Black Woman at Work': www.lennyletter.com/story/the-stress-of-being-the-only-black-woman-at-work

New York Times, 'You Accomplished Something Great. So Now What' (arrival fallacy): www.nytimes.com/2019/05/28/smarter-living/you-accomplished-something-great-so-now-what.html

No Bad Days Notepad: https://shopwitanddelight.com/no-bad-days-checklist-notepad/

Refinery29, 'Let 2020 be the Year We Get Rid of Girlboss Culture for Good': www.refinery29.com/en-gb/2020/01/9044921/girlboss-culture-women-work

Workaholics Anonymous UK: www.wa-uk.org/

○第四章　边界与自我

Leil Lowndes, *How to Talk to Anyone: 92 Little Tricks for Big Success in Relationships* (HarperElement, 2014)

○第五章　领导与责任

Earwolf, *Getting Curious with Jonathan Van Ness*: www.earwolf.com/show/getting-curious-with-jonathan-van-ness/

Reni Eddo-Lodge, *Why I'm No Longer Talking to White People About Race* (Bloomsbury, 2018)

Amy Edmondson, *Building a Psychologically Safe Workplace* (TEDx talk): www.youtube.com/watch?v=LhoLuui9gX8

'Nancy' podcast: www.wnycstudios.org/podcasts/nancy

Franchesca Ramsay's YouTube channel: www.youtube.com/user/chescaleigh/

○第六章　真实自我和心理健康

Back to Work After: http://backtoworkafter.co.uk

'Fresh to Death' podcast: www.bbc.co.uk/programmes/p081q47x

Glaad, 'A Beginner's Guide to Being an Ally to Trans People': www.glaad.org/amp/beginners-guide-being-ally-to-trans-people

Glaad, 'Tips for Allies of Transgender People': www.glaad.org/transgender/allies

'Griefcast' podcast: https://cariadlloyd.com/griefcast

Huffington Post, 'What's the Difference Between Mental Health and Mental Illness?': www.huffingtonpost.co.uk/entry/whats-the-difference-between-mental-health-and-mental-illness_uk_5d3991fae4b020cd994f55ee?guccounter=1

Nora McInerny: www.noraborealis.com/

Mental Health at Work: www.mhaw.uk.com/

Mental Health First Aid Training: https://mhfaengland.org/

Mental Health Foundation: www.mentalhealth.org.uk/

PinkNews, 'How to Support a Trans Person at Work': www.pinknews.co.uk/2018/05/04/how-to-support-a-trans-person-at-work/

Psychology Today, 'Re-Enacting Family Dynamics in the Workplace': www.psychologytoday.com/us/blog/credit-and-blame-work/201104/re-enacting-family-dynamics-in-the-workplace

'Terrible, Thanks for Asking' podcast: www.ttfa.org/

TUC: 'How to be a Good Trans Ally at Work': www.tuc.org.uk/resource/how-be-good-trans-ally-work

Maggy Van Eijk, *Remember This When You're Sad: Lessons Learned on the Road from Self-Harm to Self-Care* (Lagom, 2018)

○第七章　欲望和规划

Brené Brown, *The Call to Courage* (documentary): www.netflix.com/title/81010166

Roz Savage, 'The Obituary Exercise': www.rozsavage.com/the-obituary-exercise/

Search Inside Yourself Leadership Institute: https://siyli.org/

○第八章　父母与父权

Christine Armstrong, *The Mother of All Jobs: How to Have Children and a Career and Stay Sane(ish)* (Green Tree, 2018)

Fast Company, 'Pregnancy is Making Bumble CEO Whitney Wolfe Herd Rethink Parental Work Policies': www.fastcompany.com/90365442/pregnancy-is-making-bumble-ceo-whitney-wolfe-herd-rethink-parental-work-policies

Nell Frizzell, *The Panic Years* (Bantam Press, 2020)

Guardian, 'Is the Pram in the Hallway Still the Enemy of Good Art?': www.theguardian.com/world/2003/mar/17/gender.uk

Linkedin Blog, 'We Need To Talk About Fertility at Work': https://blog.linkedin.com/2019/october/29/we-need-to-talk-about-fertility-at-work

Make Motherhood Diverse: www.instagram.com/MAKEMOTHERHOODDIVERSE/

Miscarriage Association: www.miscarriageassociation.org.uk/

Miscarriage Association, 'Miscarriage and the Workplace': www.miscarriageassociation.org.uk/wp-content/uploads/2016/10/Miscarriage-and-the-Workplace.pdf

Mother Pukka, 'Flex Appeal': www.motherpukka.co.uk/flex/

Pregnant Then Screwed: https://pregnantthenscrewed.com/

'Strange Bird' podcast – 'Miscarriage': https://podcasts.apple.com/gb/podcast/strange-bird/id1348332336?i=1000402489110&mt=2

UK Government policies on maternity pay and leave: www.gov.uk/maternity-pay-leave

Vox, 'Pay Discrimination Only Explains Part of the Gender Wage Gap': www.vox.com/2018/9/7/17828964/gender-wage-gap-explained-netflix

○第九章 不幸与失败

Brené Brown, *Rising Strong* (Vermilion, 2015)

Stephanie Brown, *Fired: Why Losing Your Job is the Best Thing That Can Happen to You* (independently published, 2017): https://lifeafterfired.com/

Stephanie Brown, 'The Single Biggest Mistake Most People Make After Losing Their Job': https://lifeafterfired.com/recently-fired/single-biggest-mistake-people-make-losing-job/

Elizabeth Day, *How To Fail: Everything I've Ever Learned from Things Going Wrong* (Fourth Estate, 2019)

○第十章　预警与直觉

Lucy Clayton and Steven Haines, *How to Go to Work: The Honest Advice No One Ever Tells You at the Start of Your Career* (Portfolio Penguin, 2020)

Companies House search: https://beta.companieshouse.gov.uk/

Glassdoor: www.glassdoor.co.uk/index.htm

Viv Groskop, *How to Own the Room: Women and the Art of Brilliant Speaking* (Bantam Press, 2018)

Hofstede Insights Compare Countries tool: www.hofstede-insights.com/product/compare-countries/

Leil Lowndes, *How to Talk to Anyone at Work: 72 Little Tricks for Big Success Communicating on the Job* (McGraw-Hill Education, 2018)

She Wins Workshop Events: https://shewins.co/for-women

She Wins: https://shewins.co/

UK Government: Redundancies, dismissals and disciplinarians: www.gov.uk/browse/working/redundancies-dismissals

注 释

导言

1. www.independent.co.uk/news/at-last-a-degree-of-honour-for-900-cambridge-women-1157056.html
2. www.bbc.co.uk/news/magazine-36662872
3. www.fastcompany.com/3050109/the-state-of-women-ownedbusinesses-in-the-us
4. www.americanprogress.org/issues/women/reports/2016/12/19/295203/breadwinning-mothers-are-increasingly-the-u-s-norm/
5. www.indiewire.com/2019/12/little-women-greta-gerwig-screenplay-1202199536/
6. www.nytimes.com/2020/04/18/us/coronavirus-womenessential-workers.html

第一章　大权在握

1. www.psychologytoday.com/us/blog/finding-new-home/ 201809/ workplace-bullying-causes-effects-and-prevention
2. 2017年盖洛普民意测验采访了一万多名在职的美国员工，发现辞职的首要原因是老板或直属上司不可靠或难相处，具体数据可以在网上查到：www.linkedin.com/pulse/employeesdont-leave-companies-managers-brigette-hyacinth/
3. www.forbes.com/sites/jacquelynsmith/2013/09/20/how-to-deal-with-a-bullying-boss/#a3f25783d378316
4. http://www.oprah.com/spirit/how-to-set-boundaries-brene-browns-advice
5. www.psychologytoday.com/gb/blog/in-the-workplace/201910/your-boss-is-jerk-theres-still-hope

第二章　妒火中烧

1. www.psychologytoday.com/gb/blog/joy-and-pain/201401/ what-is-the-difference-between-envy-and-jealousy
2. www.psychologytoday.com/gb/basics/jealousy
3. https://royalsocietypublishing.org/doi/full/10.1098/rstb.2013.0080
4. www.forbes.com/sites/bonniemarcus/2016/01/13/the-dark-side-

of-female-rivalry-in-the-workplace-and-what-to-do-about-it/#-b211d1c52551

第三章 鱼和熊掌

1. www.lennyletter.com/story/the-stress-of-being-the-only-blackwoman-at-work
2. https://leanin.org/women-in-the-workplace-2019?utm_source=newsletter&utm_medium=email&utm_campaign=wiw
3. www.who.int/mental_health/evidence/burn-out/en/
4. www.bbc.co.uk/news/business-51032631
5. http://banbossy.com/
6. www.thecut.com/2014/05/sophia-amoruso-nasty-galmillennial-advice.html
7. https://about.americanexpress.com/files/doc_library/file/2018-state-of-women-owned-businesses-report.pdf
8. www.theguardian.com/world/2019/oct/18/the-wing-howan-exclusive-womens-club-sparked-a-thousand-arguments
9. www.refinery29.com/en-gb/2020/01/9044921/girlboss-culture-women-work
10. www.theguardian.com/money/2018/nov/17/klarna-bunow-pay-later-system-that-is-seducing-millennials
11. www.bbc.co.uk/news/uk-england-london-51014040

12. www.buzzfeednews.com/article/annehelenpetersen/ millennials-burnout-generation-debt-work
13. www.thecut.com/2017/09/what-happens-to-ambition-in-your-30s.html
14. https://hbr.org/2015/05/companies-drain-womens-ambition-after-only-2-years
15. www.girlboss.com/work/millennial-women-work-anxiety
16. www.independent.co.uk/life-style/work-burnout-men-women-positions-power-self-esteem-family-balance-study-montreal-a8377096.html
17. https://theenergyproject.com/team/approach/
18. https://shopwitanddelight.com/no-bad-days-checklist-notepad/

第四章　边界与自我

1. www.reddit.com/r/AmItheAsshole/
2. https://nypost.com/2018/03/22/slack-will-allow-employers-to-read-your-private-messages/
3. www.bbc.co.uk/programmes/m000bxpd
4. www.nationalgeographic.com/science/2020/04/coronavirus-zoom-fatigue-is-taxing-the-brain-here-is-why-that-happens/
5. www.linkedin.com/pulse/20140313205730-5711504-the-science-behind-ted-s-18-minute-rule

6. www.refinery29.com/en-gb/zoom-houseparty-how-to
7. https://cyberpsychology.eu/article/view/6757/6215

第五章　领导与责任

1. www.iacmr.org/Conferences/WS2011/Submission_XM/Participant/Readings/Lecture9B_Jing/Edmondson,%20 ASQ%20 1999.pdf
2. https://rework.withgoogle.com/blog/five-keys-to-a-successful-google-team/

第六章　真实自我和心理健康

1. www.huffingtonpost.co.uk/entry/whats-the-difference-between-mental-health-and-mental-illness_uk_-5d3991fae4b020cd994f55ee
2. www.bitc.org.uk/wp-content/uploads/2019/10/bitc-wellbeing-report-mentalhealthatworkreport2018execsummary-oct2018.pdf
3. www.basw.co.uk/system/files/resources/basw_50944-9_0.pdf
4. www.psychologytoday.com/us/blog/credit-and-blame-work/201104/re-enacting-family-dynamics-in-the-workplace

5. Ibid.
6. https://psychology.wikia.org/wiki/Psychological_containment
7. www.headspace.com/blog/2017/07/18/noting-technique-take-advantage/
8. www.mprnews.org/story/2016/06/28/books-nora-mcinerny-purmort-its-okay-to-laugh-crying-is-cool-too
9. https://cariadlloyd.com/griefcast
10. www.bbc.co.uk/programmes/p081q47x
11. http://backtoworkafter.co.uk/about/

第七章　欲望和规划

1. https://siyli.org/
2. www.rozsavage.com/the-obituary-exercise/
3. www.bbc.co.uk/programmes/articles/1nFR2NSPbzG3hDhpW2MTG5c/12-things-we-learned-about-daniel-radcliffe-from-his-desert-island-discs

第八章　父母与父权

1. https://workplaceinsight.net/are-these-the-best-countries-for-

parental-leave-worldwide/
2. www.thecut.com/article/maternity-leave-usa.html
3. www.ons.gov.uk/employmentandlabourmarket/ peopleinwork/ earningsandworkinghours/bulletins/ genderpaygapintheuk/2019
4. www.thebookseller.com/news/prh-publishes-gender-pay-gap-9-months-early-company-wide-offer-years-patental-leave-1045551
5. www.mercer.com/our-thinking/law-and-policy-group/dutch-government-increases-paid-paternity-adoption-leave.html
6. www.vox.com/2018/9/7/17828964/gender-wage-gap-explained-netflix
7. www.vox.com/2017/9/8/16268362/gender-wage-gap-explained
8. www.government.nl/latest/news/2016/09/09/longer-paternity-leave-for-partners
9. https://pregnantthenscrewed.com/
10. www.theguardian.com/lifeandstyle/2019/jan/22/ the-public-would-be-shocked-if-they-knew-how-gagging-contracts-cover-up-maternity-discrimination?CMP=Share_ AndroidApp_Tweet
11. www.icpsr.umich.edu/icpsrweb/instructors/biblio/resources/111143
12. www.bbc.co.uk/news/blogs-trending-36144487
13. www.ons.gov.uk/employmentandlabourmarket/ peopleinwork/ earningsandworkinghours/articles/ womenshouldertheresponsibilityofunpaidwork/2016-11-10
14. www.theguardian.com/world/2020/may/03/i-feel-like-a-1950s-housewife-how-lockdown-has-exposed-the-gender-divide

15. www.huffingtonpost.co.uk/entry/single-parents-work-lockdown-coronavirus_uk_5ebc0a25c5b63d4159524312
16. www.moneyadviceservice.org.uk/en/articles/childcare-costs
17. www.weforum.org/agenda/2019/03/nordic-nations-best-places-for-parents-children/
18. www.irishtimes.com/life-and-style/abroad/childcare-around-the-world-how-other-countries-do-it-better-1.3626710
19. www.motherpukka.co.uk/flex/
20. www.instagram.com/p/B63K87FFCos/
21. www.instagram.com/MAKEMOTHERHOODDIVERSE/
22. www.fastcompany.com/90365442/pregnancy-is-making-bumble-ceo-whitney-wolfe-herd-rethink-parental-work-policies
23. Ibid.
24. https://en.wikiquote.org/wiki/Cyril_Connolly
25. www.theguardian.com/world/2003/mar/17/gender.uk
26. www.miscarriageassociation.org.uk/
27. www.miscarriageassociation.org.uk/information/miscarriage/
28. https://blog.linkedin.com/2019/october/29/we-need-to-talk-about-fertility-at-work
29. www.miscarriageassociation.org.uk/wp-content/uploads/2016/10/Miscarriage-and-the-Workplace.pdf
30. https://podcasts.apple.com/gb/podcast/strange-bird/ id1348332336?i=1000402489110&mt=2

第九章　不幸与失败

1. www.theguardian.com/business/2020/may/04/ over-a-fifth-of-british-employees-furloughed-in-last-fortnight
2. https://lifeafterfired.com/recently-fired/single-biggest-mistake-people-make-losing-job/
3. www.bbc.co.uk/news/uk-52433520

第十章　预警与直觉

1. www.huffingtonpost.co.uk/entry/megan-rapinoe-i-deservethis-ashlyn-harris-womens-soccer_n_5d26016de4b0583e482a870a?ri 18n=true
2. https://shewins.co/
3. www.hofstede-insights.com/product/compare-countries/

图书在版编目（CIP）数据

如何在工作的时候不发疯：针对地狱般的现代工作的实用指南 /（英）凯特·赛维拉著；王昱茵译. -- 杭州：浙江大学出版社，2024.5

书名原文：How To Work Without Losing Your Mind: A Realistic Guide to the Hell of Modern Work

ISBN 978-7-308-24615-6

Ⅰ．①如… Ⅱ．①凯… ②王… Ⅲ．①成功心理－通俗读物 Ⅳ．①B848.4-49

中国国家版本馆CIP数据核字(2024)第032589号

浙江省版权局著作权合同登记图字：11—2024—002

Copies of this translated edition sold without a Penguin sticker on the cover are unauthorized and illegal
First published in Great Britain in the English language by Penguin Books Ltd.
First published 2021
Copyright © Cate Sevilla, 2021
The moral right of author has been asserted

如何在工作的时候不发疯：针对地狱般的现代工作的实用指南
（英）凯特·赛维拉　著　王昱茵　译

责任编辑　谢　焕
责任校对　杨利军
封面设计　云水文化
封面插图　谢　震　李婉菁
出版发行　浙江大学出版社
　　　　　（杭州市天目山路148号　邮政编码　310007）
　　　　　（网址：http://www.zjupress.com）
排　　版　杭州林智广告有限公司
印　　刷　杭州钱江彩色印务有限公司
开　　本　880mm×1230mm　1/32
印　　张　9.75
字　　数　216千
版 印 次　2024年5月第1版　2024年5月第1次印刷
书　　号　ISBN 978-7-308-24615-6
定　　价　59.00元

版权所有　侵权必究　　印装差错　负责调换
浙江大学出版社市场运营中心联系方式：0571-88925591；http://zjdxcbs.tmall.com